JN055724

理科好きの子どもを育てる 小学校理科

理科の見方・考え方を働かせて学びを深める理科の授業づくり

第**1**章　これからの教育

第**2**章　新しい小学校理科のねらい

第**3**章　理科の見方・考え方を働かせた指導

第**4**章　理科の見方・考え方を働かせた
理科授業の実際
（各学年・単元における指導）

日置 光久・星野 昌治・船尾 聖・関根 正弘　編著

大日本図書

はじめに

　小学校学習指導要領が平成29年に告示され、「社会に開かれた教育課程」「資質・能力」「カリキュラム・マネジメント」「主体的・対話的で深い学び」「見方・考え方」の5つのキーワードが示されました。この中で、「見方・考え方」について「科学的な見方・考え方」と「理科の見方・考え方」の違いをどのように捉えたらよいのか、子供が見方・考え方を働かせるためには、具体的にどのように授業で実践していけばよいのか等、疑問とともに不安を抱いている先生も少なくないようです。

　理科においては、従来、「科学的な見方・考え方」を育成することが重要な目標として位置付けられ、資質・能力を包括するものとして示されていました。今回の改訂では、資質・能力をより具体的なものとして示し、「見方・考え方」は資質・能力を育成する過程で、子供が働かせる「物事を捉える視点や考え方」であること、更には教科等ごとの特徴があり、各教科等を学ぶ本質的な意義や中核を成すものとして整理されました。

　授業を通した実践検証を行ってみますと、子供の発想や反応そのものが、働かせている見方・考え方であることに気付かされます。今まで、子供の反応を予想して授業を創造してきたのと同様に、子供が働かせる見方・考え方を教師があらかじめ予想して指導案に書き込むことで、教師が提示する自然事象や発問、働きかけ、子供の発想の価値付けなどが洗練され、問題解決の学習活動がより活性化した展開となっていきます。更に各学年の内容の本質が明らかになることで、4領域の特質に基づいた授業が行えるようになります。

　今後、ますます発展していく情報化社会、グローバル社会を生き抜いていくためには、主体的・対話的で深い学びを促し、資質・能力の育成を目指すことが一層重要となります。深い学びの鍵となる「見方・考え方」を軸とした授業改善の取組を充実させ、子供が自ら学習を見通し振り返りながら考え、グループなどで対話することで自分の考えをより妥当なものにする学習を通して、理科の見方・考え方は豊かで確かなものとなっていきます。このように、学びを深めていく授業によって、資質・能力の育成を図っていくことが大切です。

　本書は、今回の教育課程の改善において、キーワードの1つである「見方・考え方」を切り口として、小学校理科の授業づくりの改善についての理論と実践の両面から解き明かしたものです。「主体的・対話的で深い学び」を促す学習展開や教師の働きかけにより、理科の授業の質を高め、子供たちの資質・能力を伸ばしてくれるものと信じています。

　本書が、理科の見方・考え方を働かせて学びを深める理科の授業づくりのために、多くの先生の参考になり、理科の授業改善が実現され、理科好きの子供がたくさん育つことを大いに期待しています。

　末尾になりましたが、本書を成すに当たり、大変ご多忙の中を執筆いただきました多くの先生方に厚く御礼申し上げます。また、本書の刊行に当たり、日頃より多大なご支援をいただいております大日本図書株式会社の社長 藤川 広氏をはじめ、営業局、編集局の皆様に感謝申し上げます。特に直接、本書の企画・編集に当たられました総合企画本部長 犬飼政利氏、総合企画課 山本剛志氏に心から御礼申し上げます。

令和2年2月　　編著者

1.

新しい教育の背景
〜未来型のカリキュラム〜

　カリキュラムは、一般にその志向性からみて「過去型」、「現在型」、「未来型」に分けて考えることができる。そもそも「文化の伝達・伝承」を本質とする伝統的なカリキュラム観の下では、歴史や伝統に関するものを主たる内容とする「過去型」のカリキュラムが一般的であった。農耕や家内制手工業を主たる産業としていた時代は、テクノロジーやイノベーションといった視点からは長く安定した時代であった。蒸気機関の発明・発展、そして鉄鋼、石油、電気などの新たな産業が興隆するとともに時代の変化のスピードは速くなり、「過去形」の教育が通用しなくなってくる。20世紀におけるその大きな契機はスプートニクショックであった。これは産業の世界だけではなく、世界的なイデオロギーの衝突でもあった。教育内容を刷新し、「現代」に対応した形にしなければ国家としてもはや立ち行かなくなる、という危機感の大きなうねりが米国を中心として巻き起こったのである。このようなうねりは、「未来型」のカリキュラムを強く要請することになる。

　一方、開発途上の段階にある国々は、国民の衛生や安全という「今」の課題に直面した。人々が心身ともに健康な生活をしていく上での飲み水や食料、医療などの衛生や安全の問題、基本的な「読み書き計算」のスキルに関したリテラシーの問題など、「今」を生きていくために必要不可欠な知識や技能が要請された。このような「今」を生きるための内容を中心とするカリキュラムは「現在型」ということができよう。我が国においても、昭和20年代の「試案」時代の学習指導要領は、このような性格をもっていた。しかしながら、昭和30年代以降我が国は高度経済成長の時代に入り、多くの国民は未来に対して夢や希望を抱くようになった。日々豊かに便利になっていく生活を実感しながら、その延長線上に「バラ色」の未来を設定し、教育を考えたのである。しかしながら、そのような予定調和的な未来への幻想は、オイルショックによって急ブレーキがかけられ、阪神淡路大震災によって打ち砕かれた。

　一口でいうと、我が国における昭和30年代以降のカリキュラムは「未来型」ということができよう。しかしながら、そこでいう「未来」は、けっして一様・同質なものではない。現在の生活をさらにアップデートした豊かな「未来」、大震災を経験し豊かさを問い直そうとした「未来」、そしてグローバルの時代において世界との関係性において再定義される「未来」というように「未来」観が変遷してきたのである。

2.
これからの教育の方向性

　平成28年12月21日に出された中央教育審議会答申「幼稚園、小学校、中学校、高等学校及び特別支援学校の学習指導要領等の改善及び必要な方策等について」(以下、「28年答申」と呼ぶ)において、令和2年度から順次スタートする改訂学習指導要領の下、全国で展開される新しい学校教育の理念及び方向性が示されている。今回の改訂におけるキーワードである「生きる力」、「社会に開かれた教育課程」、「育成を目指す資質・能力」などは第1部第3章以降の章に示されている。そのため、第3章以降の内容については様々な研究会等で研究されているが、第1章及び第2章がテーマとして取り上げられることはほとんどないようである。第1章は、「これまでの学習指導要領改訂の経緯と子供たちの現状」、第2章は「2030年の社会と子供たちの未来」である。第1章からは、これまでの「過去」を整理・理解し、今回の改訂に至った必要性と必然性を読み取ることができる。第2章はこれからの「未来」について予測したものであるが、今回の改訂の結果、子供たちが将来生活していくであろう社会や世界の姿を読み取ることができる。「過去」を知り、「未来」をしっかりと把握して、その上で新しい時代の理科教育を考えていくことが大切なことである。それでは、「28年答申」では、どのような「未来」が示されているのだろうか。

　第2章には、「予想困難な時代に、一人一人が未来の創り手となる」というサブテーマが掲げられている。ここでの含意は、予想が困難であるという「時代」認識と、一人一人によって創られるものとしての「未来」認識である。

　「時代」認識に関しては、本文中に「人間の予測を超えて加速度的に進展」、「社会の変化は加速度を増し、複雑で予測困難」、「予測できない変化」という文言が繰り返し強調されている。未来はもはや現在の延長線上に存在する予定調和の世界ではなく、現在から切り離され、断絶された予想・予測が困難な世界なのである。現在を単純に延長させて未来を考えるのは、もはや無意味ということである。このような状況の中で、あえて未来という「時代」を少しでも読み解こうとして、第4次産業革命という考え方が提出されている。これは、蒸気機関の発展により引き起こされた最初の産業革命以降、電気による大量生産の時代を経て、コンピュータ、インターネットなどのデジタル革命の現在に続く新しい時代を指す概念である。具体的な内容は研究者等により必ずしも統一されているものではないが、生活の多くの場面で進化した人工知能(AI)が様々な判断を行ったり、身の回りの多くの

ものがインターネットでつながり最適化される（IoT）時代が到来し、社会や生活を大きく変えていくということではほぼ一致している。

　なお、これに近いものとしてSociety5.0 という考え方がある。これは、サイバー空間（仮想空間）とフィジカル空間（現実空間）を高度に融合させたシステムにより、経済発展と社会的課題の解決の両立を図った新しい人間中心の社会である。縄文の狩猟社会（Society1.0）、弥生以降の農耕社会（Society2.0）、近代の工業社会（Society3.0）、現代の情報社会（Society4.0）に続く新たな社会を指すもので、現在進行中の第5期科学技術基本計画において我が国が目指すべき未来社会の姿として提唱されたものである。文脈及び整理の仕方は異なるものの、「未来」の形は第4次産業革命と大きく異なるものではない。

　「未来」認識についてはどうだろう。本文中では、「自らの人生をどのように拓いていくことが求められているのか」、「変化を前向きに受け止め」、「現在では思いもつかない新しい未来の姿を構想し実現していく」などの文言が並んでいる。大きな時間の流れの中に「現在」、「過去」として時点をマッピングするように、「未来」という時点をアプリオリに設定するのではない。「未来」は「自動的にやって来る」ものではなく、子供たちが創り出し、実現していくものであるという認識である。現在のパソコンのアイディアを最初に提出したアラン・ケイは、「未来を予測する最善の方法は、それを発明することだ」と述べている。このような「未来」認識は、我々の「教育」認識にも変化を要請する。AI や IoT などが飛躍的に進化し、どんどん複雑で多様になっていく社会への「適応」や「対応」が未来の教育なのではなく、新たに「創り出す」教育が求められているのである。

　それでは、ここで「創り出す」ものは何なのか。それは、どのようにして我々の生活そのものである社会や人生をよりよいものにしていくのかという「目的」である。多様な文脈が複雑に入り交じった環境の中で、場面や状況の理解を深め自ら目的を創り出すのである。そのことによってはじめて、必要な情報を見いだしたり、自分の考えをまとめたりして創造的に自分らしく生きる本当の問題解決が可能になる。答えのない世界において、多様な他者と協働しながら設定した目的に応じて納得解を創り出すのである。納得解は「正解」ではない。多様な他者とその状況に応じて協働的に創り出した「合意」解としての性格をもつ。そのため、絶対ではありえないし、「目的」に対して相対的な存在であり、複数存在することもありえる。考えてみると、このような「目的設定能力」は、AI や IoT にはなじまない。それらがど

のように進化しようとも、それらが行っている「処理」は与えられた目的の中でのものだからである。

3.
21世紀の社会が求める学力とは

前節で見てきた「これからの教育」を実現するために、今回の改訂で特に重視されたのが資質・能力の育成である。これは、これまでも大切にされてきたものであるが、今回は国際バカロレア（IB）における「10の目標に向かって努力する学習者像」、OECDの提唱するキー・コンピテンシー、米国を中心とする21世紀型スキル、ESDの基本的な考え方、そして国立教育政策研究所が整理した資質・能力の構造化イメージなど、世界中のいわゆる「学力」に関する分析を通して、我が国で育成を目指す資質・能力を整理・明確化したことが大きな特徴である。一般に、資質・能力の考え方については、次のように分けて考えることができる。

①伝統的な教科等の枠組みを踏まえて育まれる力
②教科等を超えたすべての学習の基盤として育まれる力
③現代的な諸課題に対応できるようになるために必要となる力

ここで、①においては、各教科等を学ぶ意義を明確にし、各教科等において育む資質・能力を明確にすることが要請される。②においては、言語活用能力や情報活用能力などが考えられるが、それらと教科等との関係の明確化が要請される。③においては、安心や安全な社会づくりのために必要な力や、自然環境の有限性の中で持続可能な社会をつくるための力などが考えられるが、それらと教科等との関係の明確化が要請される。

さて、このようにして明確にされた資質・能力は、次のような3つの柱として整理されている。

○「何を理解しているか、何ができるか」
（生きて働く「知識・技能」の習得）

「知識」や「技能」は、伝統的に「学力」として考えられてきたものであり、そういう意味では理解しやすい。しかしながら、新しく整理された「資質・能力」の柱としての「知識・技能」は、個別の事実的な知識のみを指すものではなく、それらが相互に関連付けられ、さらに社会の中で生きて働く知識（知識群）となるものを含んでいる。既存の知識と関連付けたり、組み合わせたりすることにより、学習内容が概念化し、活用できる「知識」として習得されることが重要である。「技

能」についても、一定の手順や段階を追った個別の技能のみならず、それらが自分の経験や他の技能と関連付けられた手続き的知識として主体的に活用できるように習熟、熟達していくことが重要である。

○「理解していること・できることをどう使うか」
（未知の状況にも対応できる「思考力・判断力・表現力等」の育成）

予測が困難な社会の中において、未来を切り拓いていくために必要な思考力・判断力・表現力等である。習得した知識・技能をどのように使い問題を解決していくかということが問われている。問題を見いだしたり、仮説を設定したり、解決の計画を立てたり、考察や結論を振り返ったりする問題解決の過程、自分の考えを文章や発話によって表現したり、互いの考えを伝え合ったり、考えの多様性を理解したりしていく過程、さらに多様な思いや考えを基にして新たな意味や価値を創造していく過程、などが考えられる。

○「どのように社会・世界と関わり、よりよい人生を送るか」
（学びを人生や社会に生かそうとする「学びに向かう力・人間性等」の涵養）

「知識・技能」、「思考力・判断力・表現力等」は認知的な資質・能力と考えることができるが、これらに方向性を与え、情意や態度等に関わるものが「学びに向かう力・人間性等」である。主体的に学習に取り組む態度も含めた学びに向かう力や、自己の感情や行動を統制する能力、自らの思考の過程等を客観的に捉える力などを含む。これらは、「主体性」、「感情コントロール」、「客観性の認識」などを要素とするいわゆる「メタ認知」といわれる側面から捉えることもできる。知識系や思考力系はこれまでも「学力」として重視されてきたものであるが、今回の改訂ではこれらの認知的な力を支える基盤としてのメタ認知の重要性が強調されている。

4.
今、なぜ、理科の見方・考え方を働かせるのか

今回の改訂の重要なポイントの1つは、「見方・考え方」の考え方の導入である。これは、「28年答申」において「各教科等の特質に応じた物事を捉える視点や考え方」と定義されている。つまり、各教科等にはそれぞれ学習対象があるが、その学習対象にどのようにアプローチしてどのような視点や考え方で捉えるのかという教科等の本質に迫るための視点や考え方が「見方・考え方」といえる。今回の改訂においては、すべての教科等について、なぜそれを学ぶのか、それを

通じてどのような力が身に付くのかという、教科等を学ぶ本質的な意義を明確にする議論が展開された。「見方・考え方」は、その教科等をその教科等として存在させている本質ということもいえよう。そのため、学習指導要領においては、すべての教科等の目標に「…の見方・考え方を働かせ…」というような文言が統一的に挿入されている。

さて、理科においてはどのようになっているのか見てみよう。目標に、「理科の見方・考え方を働かせ」という文言が示されている。理科という教科の学習において、資質・能力を育成する過程で子供が働かせる「物事を捉える視点や考え方」ということである。自然の事物・現象を捉える視点としての「見方」は、次のように整理されている。

○（「エネルギー」を柱とする領域）主として量的・関係的な視点
○（「粒子」を柱とする領域）主として質的・実体的な視点
○（「生命」を柱とする領域）主として共通性・多様性の視点
○（「地球」を柱とする領域）主として時間的・空間的な視点

これらの視点には、次の2点の留意事項が付されていることに注意する必要がある。

①**脱領域固有性**：それぞれの視点は、必ずしも当該の領域に1対1対応しているものではなく、他の領域においても用いられる視点であること

②**脱限定性**：原因と結果の視点、部分と全体の視点、定性と定量の視点など、他の視点も存在するのであり、必ずしも明示的に示された視点のみに限定して考えないこと

また、問題解決の過程において、どのような考え方で思考していくかという「考え方」については、これまで理科で育成を目指してきた比較、関係付け、条件制御、多面的に考えることなどの問題解決の能力が新しい枠組みで整理がなされている。

小学校理科においては、これまで「科学的な」という限定条件をつけたうえで、「見方や考え方」を大切に扱ってきた。そこでは、実証性や再現性、客観性といった条件をもって「科学的」と考えようという科学哲学的な「科学」観と、「見方」と「考え方」を分けずにものの見方という「視点」と、その文脈で考えつつその結果のプロダクトとしての知識や概念までを一体として考えようという含意で「見方や考え方」という表現をとってきたのである。そのため、「科学的な見方や考え方」は「自然を愛する心情」、「問題解決の能力」及び「自然の事物・現象の実感を伴った理解」を統合的にまとめる理科の目標を

端的に示した言葉でもあった。今回の改訂では、その意味付け・位置付けが大幅に変わってきているので、注意が必要である。

5. 「主体的・対話的で深い学び」とは

　平成26年11月に、「初等中等教育における教育課程の基準等の在り方について」の諮問が出された。そこでは、新しい時代にふさわしい学習指導要領等の基本的な考え方について、教育内容を系統的に示すのみならず、育成すべき資質・能力を子供たちに確実に育む観点から、そのために必要な学習・指導方法や、学習の成果を検証し指導改善を図るための学習評価を充実させていく観点が必要であるとして、「アクティブ・ラーニング」の具体的な在り方に関して検討することが示された。「アクティブ・ラーニング」は、学校教育の中で初出の概念であり、現場で日々授業を実践している多くの教員に驚きをもって受け止められた。しかし、実はこの言葉はさらに2年ほど前に中央教育審議会の答申に登場している。それは、新たな未来を築くための大学教育の質的転換を目指したものであり、一般に「質的転換答申」と呼ばれている。そこでは、アクティブ・ラーニングとは、「教員による一方向的な講義形式の教育とは異なり、学修者の能動的な学修への参加を取り入れた教授・学習法の総称」と説明されている。

　「質的転換答申」は大学教育の質的転換のために出されたものであるが、実はそこが重要なポイントである。つまり、今回の我が国の教育改革は、まず大学からスタートしたのである。このような流れの中で、高等学校、そして義務教育の中にアクティブ・ラーニングが導入されてきたのである。現在、「主体的・対話的で深い学び」というように表現は変わってきたが、大学も含めて学校段階を縦に貫く骨太の理念と方法の意味するところをしっかりと理解し、授業改善を行っていくことが必要である。

　子供に育成すべき資質・能力を考えると、学びの量とともに、学びの質や深まりを考えることが重要になってくる。これは、子供の側から見ると「何を学ぶか」（what）と「どのように学ぶか」（how）という2つの視点から捉えることができる。「何を学ぶか」は、これまでの教育課程の改訂のたびに常に考えられてきたことである。これは、学習内容として「何を教えるか」、逆にいうと「何を教えないか」ということが対応する。学習内容の精選・厳選の時代、長い間「何を教えなくするか（削除するか）」が議論の中心であった。平成20年の改訂になって、理数教育の充実という大方針の下、理科や算数・数学を中心に新内容が加えられ、授業時数も増加が図られたことは記憶に新しい。

「どのように学ぶか」は、教育課程の改訂においてこれまであまり考えられてこなかった。これは、教師側から見ると「どのように教えるか」ということになるが、「教え方」については教師一人一人の経験やキャリアに委ねられていたのがこれまでの教育であった。しかしながら、今回「主体的・対話的で深い学び」というキーワードの下に、教師には、子供が「どのように学ぶか」をしっかりと考えて指導することが求められている。

さて、子供が「どのように学ぶか」のキーワードとして「主体的・対話的で深い学び」は重要であるが、「主体的」や「対話的」が子供の姿として見えやすいのに比べ、深い学びは子供の内面で進行するものなのでなかなか見えにくくわかりにくいといわれる。そこで、少し「深い学び」について考えてみよう。

まず、あまりにも自明のことではあるが、「学び」には深さがあるということである。ということは、「浅い」学びもあるということである。「学び」とは活用が可能な「知識」を自らの中に長期記憶として構築していくプロセスであり、ベクトルである。事物・現象のラベルとしての知識や、「AはBである」というような宣言的な知識を関係付け、有機的な「知識群」をつくっていくことは、1つの「学び」の深化といえよう。さらに、共通性や差異性を意識し帰納的に概念化していくような「学び」の深め方もあるだろう。理科の学習では、このようにして深められた「学び」が、さらに具体的な自然の事物・現象にもう一度返されることにより、より深い「学び」が成立するということも考えられる。身体的・体験的な活動ともう一度結び直され「学び」が深化するということも考えられる。

6.
これからの学習評価

教育活動においては、目標と方法が基本的な要素として考えられる。今回の改訂では、目標として「資質・能力」の育成が強調され、方法として「主体的・対話的で深い学び」が言及されている。しかしもう1つ、教育活動において重要な要素が存在する。それは、学習評価である。学習評価には、子供の学習状況を検証し、結果の面から教育水準の維持向上を保証する機能がある。各教科においては、学習指導要領の目標に照らして設定した観点ごとに学習状況の評価と評定を行う「目標に準拠した評価」として実施する。その結果、きめの細かい学習指導の充実と子供一人一人の学習内容の確実な定着を目指すものである。

平成 31 年 3 月 29 日付で、文部科学省初等中等教育局から「小学校、中学校、高等学校及び特別支援学校等における児童生徒の学習評価及

び指導要録の改善等について」の通知が発出され、そこには、新しい学習評価の基本的な考え方として、次の2つが示されている。

> ○カリキュラム・マネジメントの一環としての指導と評価
> ○主体的・対話的で深い学びの視点からの授業改善と評価

「学習指導」と「学習評価」は学校の教育活動の根幹をなすものであり、コインの裏表のような一体的なものである。両者は、「カリキュラム・マネジメント」の中核をなすものであり、組織的かつ計画的な教育活動の質の向上を図るものとなる。また、「主体的・対話的で深い学び」の視点から、各教科等における資質・能力を確実に育成するための授業改善に重要な役割を担っている。

　学習指導要領の改訂に伴って各教科等の目標及び内容が、「知識・技能」、「思考力・判断力・表現力等」、「学びに向かう力、人間性等」の資質・能力の3つの柱で整理された。指導と評価の一体化の観点から、観点別学習状況の評価の観点についても、資質・能力の3つの柱に沿って「知識・技能」、「思考・判断・表現」、「主体的に学習に取り組む態度」の3観点に整理されている。これら3観点に沿って、各教科においては教科の「観点の趣旨」が示され、また学年別、分野別等でより具体的な「観点の趣旨」が示されている。

　今回の学習評価の改善点の1つのポイントは、第3観点「主体的に学習に取り組む態度」の考え方であろう。「学びに向かう力、人間性等」において、学びに向かう態度的側面を観点別学習状況の評価を通して見取ることができる部分として「主体的に学習に取り組む態度」として明確にしている。同時に、「人間性等」のような部分は観点別学習状況の評価にはなじまないものであり、個人内評価を通して見取るようにすることに留意する必要がある。

7.
おわりに

　令和2年度から小学校において学習指導要領が全面実施となる。そこでのカリキュラムの中身は、2030（令和12）年の社会と子供たちの未来へのベクトルを強く意識して作成されたものである。我々の現在は将来の主権者たる子供たちの過去であり、我々の未来は彼らの現在なのである。この時間的位相のずれをしっかりと認識し、生きて働く知識や技能、未知の状況にも対応できる思考力・判断力・表現力等、そして学んだことを人生や社会に生かそうとする学びに向かう力や人間性をしっかりと創り出しつつ身に付けていくことが、今教育に問われている。

第2章

新しい
小学校理科の
ねらい

1. 新しい理科の目標

新しい小学校の理科の教科の目標は、以下に示す、総括的な目標の前文と、学力の三要素を表した3項目の具体的な目標の後文から構成されている。

<table>
<tr>
<td>

＜前文＞

　自然に親しみ、理科の見方・考え方を働かせ、見通しをもって観察、実験を行うことなどを通して、自然の事物・現象についての問題を科学的に解決するために必要な資質・能力を次のとおり育成することを目指す。

</td>
<td>

＜後文＞

(1)自然の事物・現象についての理解を図り、観察、実験などに関する基本的な技能を身に付けるようにする。
(2)観察、実験などを行い、問題解決の力を養う。
(3)自然を愛する心情や主体的に問題解決しようとする態度を養う。

</td>
</tr>
</table>

　理科の目標の前文は、「①自然に親しむ　②理科の見方・考え方を働かせる　③見通しをもつ　④観察・実験などを行う　⑤自然の事物・現象について　⑥問題を科学的に解決する　⑦必要な資質・能力を育成する」であり、**7つのキーワード**として捉えることができる。

＜7つのキーワードと内容＞

① 「自然に親しむ」とは

自然に触れる。慣れ親しむ。興味・関心・意欲をもつ。問題を見いだす。追究する。新たな問題を見いだす。
⇒問題意識の醸成。意図的な活動の設定。事象提示。

② 「理科の見方・考え方を働かせる」とは

「見方」：物事を捉える視点のこと。質的・実体的な視点（物質）。量的・関係的な視点（エネルギー）。共通性・多様性の視点（生命）。時間的・空間的な視点（地球）。原因と結果。部分と全体。定性と定量。
⇒理科の見方をもって自然の事物・現象を捉える。
「考え方」：比較する。関係付ける。条件を制御する。多面的に考える。
⇒理科の考え方を基に思考する。深い学びにつながる。

③ 「見通しをもつ」とは

根拠のある予想や仮説を発想する。問題の解決の方法を発想する。結果に対する自己認識をもつ。
⇒主体的な問題解決の活動。確認、振り返り、見直し、再検討、妥当性。

④ 「観察・実験などを行う」とは

目的意識や問題意識をもって意図的に働きかける、手続き・手段のこと。
「観察」：実際の時間、空間。存在や変化。明確な視点。周辺の状況への意識。諸感覚などの状況に入る。変化を見取る。
「実験」：人為的な条件下。装置の活用。存在や変化。変数の抽出、組み合わせ。意図的な操作で状況をつくる。事象に働きかける。問題を見いだす活動。考察する活動。結論を導き出す活動。

⑤ 「自然の事物・現象について」とは

A区分「物質・エネルギー」
B区分「生命・地球」

⑥ 「問題を科学的に解決する」とは

実証性、再現性、客観性といった条件の基で解決すること。
⇒主体的・対話的で深い学び。話し合い。科学的な考えの変容。新たな問題を見いだす。

⑦ 「必要な資質・能力を育成する」とは

自然の事物・現象の理解及び観察・実験などの基本的な技能。問題解決の力。自然を愛する心情及び主体的に問題解決する態度。

また、7つのキーワードは次のように構造化され、解釈できる。

＜前文＞ 問題解決の学びの過程

①自然に親しむ
②理科の見方・考え方を働かせる
③見通しをもつ
④観察・実験などを行う
⑤自然の事物・現象について
⑥問題を科学的に解決する
⑦必要な資質・能力を育成する

＜後文＞ 育成する3つの資質・能力

自然の事物・現象についての問題を科学的に解決するために必要な資質・能力
(1)自然の事物・現象についての理解を図り、観察、実験などに関する基本的な技能を身に付ける。
(2)観察、実験などを行い、問題解決の力を養う。
(3)自然を愛する心情や主体的に問題を解決しようとする態度を養う。

小学校の理科の目標の前文は、問題解決の学びの過程が中心に貫かれており、理科の見方・考え方を働かせ、見通しをもって、科学的に探究していく活動を表していると解釈できる。
理科の目標の後文の3項目は、理科において**育成すべき資質・能力**を示している。

(1)は、「**知識・技能**」に関する自然の事物・現象についての理解と観察・実験に関する基本的な技能。
(2)は、「**思考力・判断力・表現力等**」に関する問題解決の力。
(3)は、「**学びに向かう力、人間性等**」に関する自然を愛する心情と主体的に問題解決する態度である。

【育成を目指す資質・能力の3観点】

育成を目指す資質・能力「知識及び技能」

(1)自然の事物・現象についての理解を図り、観察、実験などに関する基本的な技能を身に付けるようにする。
【知識】
●自然の事物・現象の性質や規則性などの把握
【技能】
●器具や機器などを目的に応じて工夫して扱う
●観察、実験の過程やそこから得られた結果を適切に記録する

育成を目指す資質・能力「思考力・判断力・表現力等」

(2)観察、実験などを行い、問題解決の力を養う。
●差異点や共通点を基に、問題を見いだす力 (主に第3学年)
●既習の内容や生活経験を基に、根拠のある予想や仮説を発想する力 (主に第4学年)
●予想や仮説を基に、解決の方法を発想する力 (主に第5学年)
●より妥当な考えをつくりだす力 (主に第6学年)

育成を目指す資質・能力「学びに向かう力、人間性等」

(3)自然を愛する心情や主体的に問題解決しようとする態度を養う。
●生物を愛護する態度、生命を尊重する態度
●意欲的に自然の事物・現象に関わろうとする態度
●粘り強く問題解決しようとする態度
●他者と関わりながら問題解決しようとする態度
●学んだことを自然の事物・現象や日常生活に当てはめてみようとする態度 など

2. 新しい理科の内容

　理科の目標を実現するために、対象の特性や児童がつくる考えに基づいて、理科の内容は、A区分、B区分の2区分で構成されている。

⑴A区分「物質・エネルギー」

> 　身近な自然の事物・現象の中には、時間、空間の尺度の小さい範囲内で直接実験を行うことにより、対象の特徴や変化に伴う現象や働きを、何度も人為的に再現させて調べることができやすいという特性をもっているものがある。児童は、このような特性をもった対象に主体的、計画的に操作や制御を通して働きかけ、追究することにより、対象の性質や働き、規則性などについての考えを構築することができる。主にこのような対象の特性や児童の構築する考えなどに対応した学習の内容区分が「A物質・エネルギー」である。
>
> 　「物質（粒子）」についての基本的な見方や概念を柱とした内容は、①粒子の存在、②粒子の結合、③粒子の保存性、④粒子のもつエネルギーである。
>
> 　「エネルギー」についての基本的な見方や概念を柱とした内容は、①エネルギーの捉え方、②エネルギーの変換と保存、③エネルギー資源の有効利用である。エネルギーには、光、熱、力、電気などがある。

⑵B区分「生命・地球」

> 　自然の事物・現象の中には、生物のように環境との関わりの中で生命現象を維持していたり、地層や天体などのように時間、空間の尺度が大きいという特性をもったりしているものがある。児童は、このような特性をもった対象に主体的、計画的に諸感覚を通して働きかけ、追究することにより、対象の成長や働き、環境との関わりなどについての考えを構築することができる。主にこのような対象の特性や児童の構築する考えなどに対応した学習の内容区分が「B生命・地球」である。
>
> 　「生命」についての基本的な見方や概念を柱とした内容は、①生物の構造と機能、②生命の連続性、③生物と環境の関わりである。
>
> 　「地球」についての基本的な見方や概念を柱とした内容は、①地球の内部と地表面の変動、②地球の大気と水の循環、③地球と天体の運動である。

第3章

理科の
見方・考え方を
働かせた指導

1. 理科の見方・考え方を働かせた主体的な問題解決の学習とは

　「見方・考え方」は、資質・能力を育成する過程で児童が働かせる「物事を捉える視点や考え方」である。理科を学ぶ本質的な意義や中核をなすものである。

　(1)「見方」とは
　「見方」については、下記のように理科を構成する4領域から物事を捉える視点を整理している。

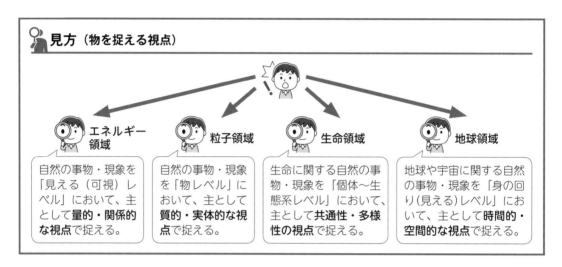

　ただし、これらの特徴的な視点はそれぞれ領域固有のものではなく、その強弱はあるものの、他の領域においても用いられる視点である。
　また、これら以外にも理科だけでなく様々な場面で用いられる「原因と結果」「部分と全体」「定性と定量」などといった視点もあることに留意する必要がある。

　(2)「考え方」とは
　問題解決の過程において、どのような考え方で思考していくかという「考え方」については、児童が問題解決の過程の中で用いる考え方を下記の図のように整理している。

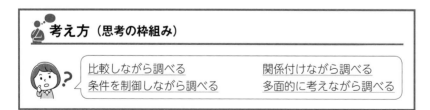

　(3)「主体的な問題解決の学習」とは
　児童自ら、どのような視点で自然の事物・現象を捉え（見方）、どのような考えで思考（考え方）すればよいのかを自覚しながら、自然の事物・現象に関わり、見通しをもって問題を解決していくことが「主体的な問題解決の学習」につながり、一人一人の資質・能力が育成される。

2. 理科の見方・考え方を働かせた主体的・対話的で深い学びとは

　今回の学習指導要領では、「何ができるようになったか」という資質・能力の育成に光を当てたとき、「どのように学ぶか」を重視した授業改善を中心にしている。理科の学習では、問題解決の過程において、自然の事物・現象をどのような視点で捉えるかといった「見方」や、どのような考え方で思考していくかという「考え方」を児童が問題解決の過程で働かせることが「主体的・対話的で深い学び」につながり、これからの時代に求められる資質・能力の育成の大きなポイントになると考える。下記に示した図は、「見方・考え方」と「主体的・対話的で深い学び」の関係を表したものである。

◎「見方・考え方」と「主体的・対話的で深い学び」の関係は

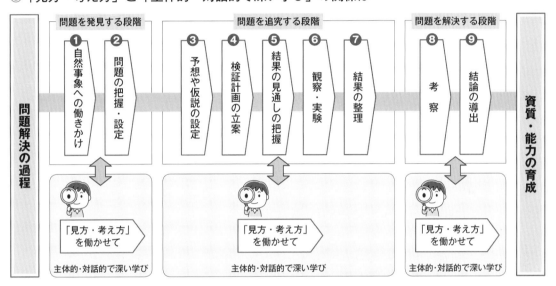

　児童が自然の事物・現象に出会ったとき、どんな見方・考え方をするのであろうか。まず「見方」について考えてみよう。上記の「問題解決の過程」において、初めから各領域で目指す「エネルギーでは主に量的・関係的」、「粒子では主に質的・実体的」「生命では主に共通性・多様性」「地球では主に時間的・空間的」な視点で捉えるという「見方」が働くであろうか。

　児童が自然の事物・現象に出会ったとき、事物・現象に気付くこと、いわば無自覚であったことを自覚することから始まると考えられる。そして、その気付きから児童は、事物・現象に対して「不思議だな」「どうしてだろう」「原因を調べてみたい」といった中から「原因と結果」といった見方になる。そして、「原因と結果」を話し合うことで、それぞれの領域における「見方」を働かせ、深い学びにつながり資質・能力の育成になると考える。

　「考え方」については、「比較する」から始まり、「関係付けたり」「条件を制御したり」「多面的に考えたり」することである。「見方」と「考え方」は切り離したり、順序性を大事にするのではなく、問題解決の過程において自然の事物・現象に「見方・考え方」として相互に働かせることによって、「主体的・対話的で深い学び」を生み出し資質・能力の育成につながると考える。

3. 「問題を見いだす場面」における 理科の見方・考え方を働かせた主体的・対話的で深い学び

(1)基本的な考え方

　児童が自ら問題を見いだすには、自然の事物・現象から得られた「気付き」や「疑問」と「生活経験」などを比べ、無自覚だったことを段階的に焦点化して問題を見いだしていく思考活動が必要となる。この段階的な思考活動の指導が、第3学年では「主に差異点や共通点を基に、問題を見いだす」といった問題解決の力を育成することにつながる。

　そこで「問題を見いだす場面」では、複数の自然の事物・現象を比較し、その差異点や共通点を捉えることが必要となる。そのためには、まず自然の事物・現象をじっくり観察するような体験活動を事象提示で行いたい。次に、その体験活動での気付きを話し合う活動を取り入れ、問題を見いだす学びにしていくことが大切である。

(2)指導ポイント

　例えば、第3学年「物と重さ」の授業では、一人一人が自然の事物・現象を観察し、そこから比較しながら差異点や共通点に着目して得られた気付きや疑問をカードに書く。次に、全体で分類・整理・集約することで、問題づくりの視点であるキーワードが明確になる。

　下記のイラストのように集約されたキーワードを基に、付箋紙やホワイトボードなど活用しながらグループや全体で話し合っていく。このような主体的・対話的で深い学びを行うことで、児童に問題を見いだす力が育成できる。

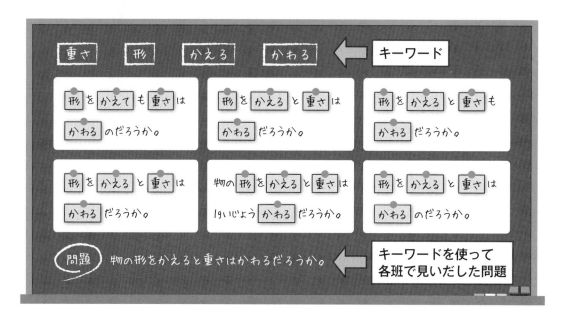

　「問題を見いだす場面」の実践例を第4章p.30 〜 p.59に記載してあるので、授業改善に活用してほしい。

4．「根拠のある予想や仮説を発想する場面」における 理科の見方・考え方を働かせた主体的・対話的で深い学び

(1)基本的な考え方

第4学年では、学習の過程において、自然の事物・現象から見いだした問題について「既習の内容や生活経験を基に、根拠のある予想や仮説を発想する」といった問題解決の力の育成を目指している。

解決したい問題について「予想や仮説を発想する」には、自然の事物・現象と既習の内容や生活経験とを「関係付けたり」、「自然の事物・現象の変化とそれに関わる要因」を「関係付けたりする考え方」を働かせる必要がある。

また、根拠のある予想や仮説を考えられたこと、感じられたことが、理科の学習の楽しさを知ることになり、日常生活の中で起こる現象を科学的に考える力を身に付けることにつながる。

(2)指導ポイント

例えば、第4学年「天気の様子」の内容(イ)（自然の中の水）では、下記のような「根拠のある予想や仮説を発想する場面」の授業例から具体的に考えてみることにする。

この授業では、雨上がりの校庭を見て、水たまりがなくなったことから、「水は空気中に出て行ったのか」という問題を見いだす。

次に、「既習の内容」や「生活経験」を基に根拠のある予想や仮説を考え、自分の根拠を明らかにしながら話し合う活動を行う。

日常生活において、水に関する身近な事象は多くの児童は経験し

ているが、水の行方などに疑問を感じていない。そのため校庭の水たまりの他に、水がしみこまない朝礼台の水たまりもなくなるという生活経験に着目させ、水の行方に問題意識をもたせる。その際、洗濯物や水槽の水などの日常生活での様子を関係付け、根拠をもって自分の予想や仮説が立てられるようにすることがこの場面における指導のポイントである。

これらの力は、第4学年の問題解決の過程において中心的に扱うものであって、実際の指導に当たっては、他学年でも繰り返し指導していくことが必要である。

「根拠のある予想や仮説を発想する場面」の実践例を第4章p.60〜p.93に記載してあるので、授業改善に活用してほしい。

5. 「予想や仮説を基に、解決の方法を発想する場面」における 理科の見方・考え方を働かせた主体的・対話的で深い学び

(1)基本的な考え方

第5学年では、「予想や仮説を基に、解決の方法を発想する」といった問題解決の力の育成を目指している。この問題解決の力を育成するためには、自然の事物・現象に影響を与える要因を予想し、どの要因が影響を与えるか調べる際に、これらの条件を制御するといった考えを用いることが大切である。

このとき、観察、実験方法だけを考えさせるのではなく、自分の考えた計画で観察、実験を行ったとき、「結果がどうなるか」といった結果の見通しを考えさせることが指導のポイントになる。結果の見通しをもつことによって、予想や仮説と観察、実験結果が関係付けられ、考察するときにより妥当な考えにつながっていく。その際、グループや全体で話し合うことで対話的な学びになる。

予想や仮説を基に解決の方法を発想することは、友達の意見をよく聞き、自分の考えた計画と同じであれば確信がもて、観察、実験を確かなものにすることができる。一方、友達の考えた計画と違っていたら、どこが違うのか、どう改善・修正すればよいのかが分かり、結果を見通すことができ、主体的な観察、実験を行うことができる。

(2)指導ポイント

第5学年「電流がつくる磁力」では、下記のような解決方法を発想する場面の授業例から具体的に考えてみることにする。

まず、電磁石を強くする方法を一人一人考えさせる。乾電池が2個なら2倍のクリップを持ち上げられるだろうなど、結果の見通しを立てさせる。

次に実験方法と結果の見通しをグループで発表し合い、考えを交流する。

更に、条件の整理を互いに確認し合い、解決方法の修正をする。解決の方法を発想する場面では、「変える条件」と「変えない条件」を明確に区別して計画を立てているか、グループで見直しをさせることが大切である。

また、結果の見通しを考えさせることによって、考察の際の予想や仮説を振り返り、より妥当な考えを見いだすことにつながる。

「予想や仮説を基に、解決の方法を発想する場面」の実践例を第4章p.94 ～ p.121に記載してあるので、授業改善に活用してほしい。

6. 「より妥当な考えをつくりだす場面」における理科の見方・考え方を働かせた主体的・対話的で深い学び

(1)基本的な考え方

　第6学年では、「より妥当な考えをつくりだす」といった問題解決の力の育成を目指している。この問題解決の力を育成するためには、自然の変化や動きについてその要因や規則性、関係性を多面的に分析し考察して、より妥当な考えをつくりだし、自分が既にもっている考えをより科学的なものへ変容させる指導が必要である。

　「より妥当な考えをつくりだす場面」では、自然の事物・現象を複数の側面から考え、検討することである。より妥当な考えをつくりだすためには、多面的に調べる活動を通して、「考え方」を働かせる必要がある。

　「多面的な活動」とは、問題解決を行う際に解決したい問題について「互いの予想や仮説を尊重しながら追究する活動」「観察、実験などの結果を基に、予想や仮説、観察、実験などの方法を振り返り、再検討する活動」「複数の観察、実験などから得た結果を基に考察する活動」などが考えられる。

(2)指導ポイント

　例えば、第6学年「燃焼の仕組み」では、下記のような「より妥当な考えをつくりだす場面」の授業例から具体的に考えてみることにする。

　植物体が燃えるときの「空気の変化」に着目して、植物体が燃える前と燃えた後の空気の性質や変化を多面的に調べる。目に見えない空気の性質の変化について、予想や仮説を振り返り、複数の実験結果を比較したり、関係付けたりして多面的に考える。そうすることで、より妥当な考えをつくりだしていくことができる。その際、妥当性を検討するグループ活動や全体での話し合い活動を設定していくことが指導のポイントになる。

〈実験結果からより妥当な考えをつくりだす場面の例〉

[考察] 予想を振り返って、結果からどのようなことがいえるか話し合う。

空気中に一番多い窒素の中ではろうそくが燃えると思ったけど違った。

空気中でろうそくが燃え続けるのは、空気中に酸素があるからなんだね。

物が燃えるには、酸素が必要なんだね。

ふたをした瓶の中でろうそくが燃え続けなかったのは、酸素がなくなったからかな。

　「より妥当な考えをつくりだす力」を育成するには、教師自身が問題解決の過程でどんな「見方・考え方」を働かせるのかという視点を明確にもって、支援していくことが必要である。

　そこで第6学年では、どのような視点で「より妥当な考えをつくりだす」かについて、「見方・考え方」と関連付けて学習指導要領の内容を整理してみたので、参考にしてほしい。

区分	単元名	「より妥当な考えをつくりだす」視点と「見方・考え方」
Ⓐ 物質・エネルギー	(1)燃焼の仕組み	【見　方】空気の変化に着目することが見方につながる。 【考え方】物の燃え方を多面的に調べることが「より妥当な考えをつくりだす」ことにつながる。
	(2)水溶液の性質	【見　方】水溶液に溶けている物に着目することが見方につながる。 【考え方】溶けている物による水溶液の性質や働きの違いを多面的に調べることが「より妥当な考えをつくりだす」ことにつながる。
	(3)てこの規則性	【見　方】力を加える位置や大きさに着目することが見方につながる。 【考え方】てこの規則性と道具の仕組みや動きとの関係を多面的に調べることが「より妥当な考えをつくりだす」ことにつながる。
	(4)電気の利用	【見　方】電気の量や働きに着目することが見方につながる。 【考え方】電気の量や働きを多面的に調べることが「より妥当な考えをつくりだす」ことにつながる。
Ⓑ 生命・地球	(1)人の体のつくりと働き	【見　方】体のつくりと呼吸、消化、排出及び循環の働きに着目することが見方につながる。 【考え方】生命を維持する働きを多面的に調べることが「より妥当な考えをつくりだす」ことにつながる。
	(2)植物の養分と水の通り道	【見　方】植物の体のつくり、体内の水の行方及び葉で養分をつくる働きに着目することが見方につながる。 【考え方】生命を維持する働きを多面的に調べることが「より妥当な考えをつくりだす」ことにつながる。
	(3)生物と環境	【見　方】生物と環境との関わりに着目することが見方につながる。 【考え方】生物と環境との関わりについて多面的に調べることが「より妥当な考えをつくりだす」ことにつながる。
	(4)土地のつくりと変化	【見　方】土地やその中に含まれる物に着目することが見方につながる。 【考え方】土地のつくりやでき方を多面的に調べることが「より妥当な考えをつくりだす」ことにつながる。
	(5)月と太陽	【見　方】月と太陽の位置に着目することが見方につながる。 【考え方】月と太陽の位置関係を多面的に調べることが「より妥当な考えをつくりだす」ことにつながる。

　「より妥当な考えをつくりだす場面」の実践例を第4章p.122～p.157に記載してあるので、授業改善に活用してほしい。

第4章

理科の見方・考え方を働かせた理科授業の実際

(各学年・単元における指導)

理科の見方・考え方を活かした授業例

① 第4章の構成について

　第4章は、小学校理科の全31単元における理科の見方・考え方を働かせて学びを深める理科の授業づくりの取組をモデルとして紹介しています。

　各学年を通して育成を目指す問題解決の力に焦点に当て、第3学年は「**問題を見いだす場面**」、第4学年は「**根拠のある予想や仮説を発想する場面**」、第5学年は「**予想や仮説を基に、解決の方法を発想する場面**」、第6学年は「**より妥当な考えをつくりだす場面**」で、児童が働かせる見方・考え方を活かす授業づくりの例を述べています。

　初めの見開きページには、単元全体で働かせる見方・考え方についての要点を述べています。特に、指導計画の中の1つの次を取り上げて、見方・考え方に基づいた予想される児童の反応例を挙げています。教師がこの反応例を予想していることが大切です。児童のつぶやきを拾い、引き出し、価値付けていくことで、見方・考え方が豊かで確かなものとなり、授業改善の取組を活性化し資質・能力の育成を図ることができます。

　次の見開きページには、本時の授業の指導のポイントについて述べています。1単位時間45分間の本時の授業展開、板書例、各学年で目指す問題解決の力を育成するためのポイントを挙げています。ここでは、見方・考え方を働かせている児童の姿を表出させるための具体的な教師の発問や支援などを述べています。

② 本書の活用と留意事項

第3学年では「**問題を見いだす場面**」、第4学年では「**根拠のある予想や仮説を発想する場面**」、第5学年では「**予想や仮説を基に、解決の方法を発想する場面**」、第6学年では「**より妥当な考えをつくりだす場面**」のそれぞれの学習過程で「**見方・考え方**」を働かせる授業づくりの例を述べています。

ここでは、「見方・考え方」を働かせることができる指導計画（主な学習活動）を記述しています。

学年を通して目指す問題解決の力を育成する場面を取り出して、どのような学習活動を展開するのか、具体的な指導内容が分かるように記述しています。

本領域・本単元で、児童が働かせる「見方・考え方」を分かりやすく捉えられるように具体的に記述しています。

問題解決の過程のどの場面でも、児童は「見方・考え方」を自在に働かせます。単元で働かせる「見方・考え方」を児童のつぶやきで具体的に予想できると、授業が大きく改善されていきます。

「見方・考え方」は、問題解決の活動を通して育成を目指す資質・能力としての「知識・技能」や「思考力、判断力、表現力等」とは異なることに留意が必要です。既習の内容や生活経験を活かして「見方・考え方」を働かせますので、学年や領域、学習内容、場合によっては地域や学級の実態によっても物事を捉える視点や考え方が異なります。児童の実態に合わせた授業づくりを行うのと同じように、「見方・考え方」を児童がどのように働かせるかを予想し、深い学びの実現を促すための事象提示や発問等を考えて指導案を作成することが大切です。

ここでは、本時（45分間）の授業の指導ポイントや問題解決の過程で学年ごとに重点を置く場面を示しています。

45分間の授業の板書計画です。板書は、授業のイメージをもつことができるとともに、学習を深めることができるので、大切な情報板です。

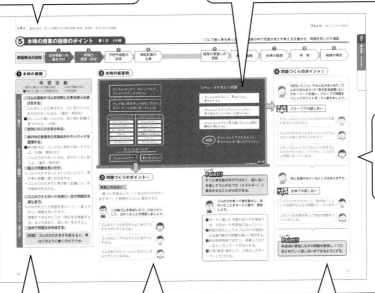

板書例の右半分（授業の後半部分）の活動内容を具体的に記述しています。

45分間の授業の流れを「インプット（導入）」「アクティブ（展開）」「アウトプット（まとめ）」の３つのまとまりで記述しています。
「見方」の発言は「□」で、「考え方」の発言は「■」で、その他の発言は「・」で、表記してあります。
板書例と合わせて見ていくと、学習活動の流れがより鮮明に理解できます。

板書例の左半分（授業の前半部分）の活動内容を具体的に記述しています。

ポイント①②では、教師の発問と児童の反応、活動の様子などを例示しています。授業づくりの参考となるように分かりやすく記述しています。
「見方・考え方」や問題解決の力である「問題を見いだす力（３年）」、「根拠のある予想や仮説を発想する力（４年）」、「予想や仮説を基に、解決の方法を発想する力（５年）」、「より妥当な考えをつくりだす力（６年）」を育成する指導の方法が具体的に分かるように記述しています。

第**3**学年

A 領域(1)

物質
物と重さ

「問題を見いだす場面」で「見方・考え方」を働かせる授業づくり例

① この単元のねらい

　物の形や体積に着目して、重さを比較しながら、物の性質を調べる活動を通して、それらについての理解を図り、観察、実験などに関する技能を身に付けるとともに、主に差異点や共通点を基に、問題を見いだす力や主体的に問題解決しようとする態度を育成する。

② 指導計画（主な学習活動）〈全7時間〉

第1次　物の種類と重さ 〔3時間〕

①身近な物の重さ比べ〈1時間〉

②物の種類と重さ〈2時間〉

第2次　物の形と重さ 〔4時間〕

①物の形と重さ比べ〈1時間〉
- ●ペットボトルをつぶしたり、細かくした紙を元のように集めたりして手に持ち、重さを比べ気付いたことを話し合う。

②物の形と重さ〈2時間〉
- ●粘土やアルミニウム箔の形を変えたり、細かくしたりして、重さが変化するか調べる。

③置き方などによる重さ〈1時間〉
- ●辞書などの置き方で重さが変わるか調べ、学びを深める。

問題を見いだす場面では

① 自然事象への働きかけ ≫≫ **②** 問題の把握・設定

　「見方・考え方」を働かせるために、この単元では「自然事象への働きかけ」で、実際にペットボトルをつぶした前と後の重さを見た目や手に持った感覚で比べる体験を大切にする。また、細かくした紙を元のように集めたかたまりと元の紙の重さについても、諸感覚を通して捉えられるよう、同様に体験させる。このような「共通な体験」をすることで、物の重さの差異点や共通点に着目させ、学級全体としての問題を見いだしやすくする。その中で、自らの気付きを「物の形」と「重さ」に着目させ、一人一人の気付きを整理・集約させることが問題を見いだす場面では大切である。

❸ 本単元で働かせる見方・考え方について

本単元で「見方・考え方」を働かせるには、「物の性質について調べる活動」を十分に体験させることがポイント

🔍 見方（物を捉える視点：主として「質的・実体的」な視点で捉える）

　身近なペットボトルなどの物の形を変えたり、紙などを細かくしたりしたときの「重さの違い」から気付いたことを話し合い、形や体積に着目させることで、質的・実体的な見方ができるようにする。

👤 考え方（思考の枠組み：比較しながら調べる活動を通して）

　共通な体験をしながら物の重さを比較し、差異点・共通点から疑問をもたせ、問題の把握・設定を話し合う活動を行う。

❹ 第2次における見方・考え方に基づいた予想される児童の反応例

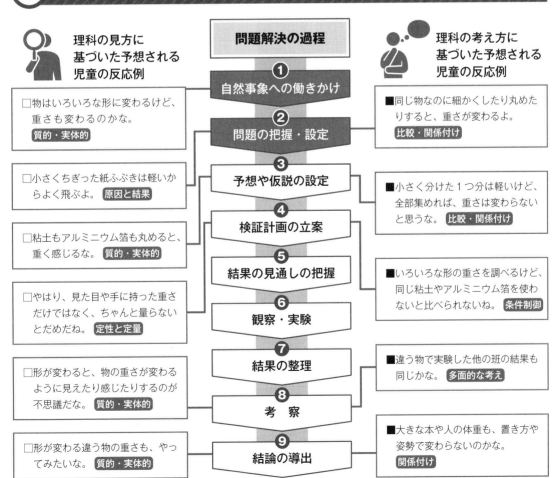

❺ 本時の授業の指導のポイント 第2次 1/4時

| 問題解決の過程 | ❶ 自然事象への働きかけ | ❷ 問題の把握・設定 | ❸ 予想や仮説の設定 | ❹ 検証計画の立案 |

❶ 本時の展開

学 習 活 動
□見方に基づいた児童の反応　・主な児童の反応 ■考え方に基づいた児童の反応　○学習活動

インプット（導入）

○ペットボトルをつぶしたり、細かくした紙を元のように集めたりして、重さを比較させる活動をする。

□物はいろいろな形に変わるけど、重さも変わるのかな。（質的・実体的）

■見た目と持った重さの感じが違うのは、どうしてかな。（比較・関係付け）

○ペットボトルをつぶしたり、紙をいくつかに分けて集めたりして、手に持った重さについて気付いたことをまとめる。

アクティブ（展開）

○物の形と重さとの関係に焦点化した気付きに着目させ、整理する。

□同じ物なのに細かくしたり丸めたりすると、重さが変わるよ。（質的・実体的）

■物の形と重さには何か関係があるのかな。（関係付け）

○個人で問題を見いだす。

（教師が上記のような、「見方・考え方」を働かせている児童の気付きを取り上げ、価値付け、問題を見いだすようにする。）

アウトプット（まとめ）

○ミニホワイトボードを使い、班で問題文を話し合う。

・それぞれ立てた問題を見比べて、一番ふさわしい問題を見いだそう。

（実験ができるかどうか（実証性を意識させる）なども含めて、話し合いをさせる。）

○全体で問題文を作成する。

【問題】形を変えると、物の重さはどうなるだろうか。

❷ 本時の板書例

ペットボトルをつぶしたり、細かくした紙を元のように集めたりして、重さをひかくしよう。

ひかくして気づいたことを、話し合いましょう。

ペットボトルをつぶし、手に持った重さ	紙を細かくし、集めて手に持った重さ
かたまりになったから、重く感じる。 小さくなったから、軽く感じる。 ひねっている形もできるぞ。 いろんな形になるなあ。 友だちと感じ方がちがうな。	細かくしたときは、軽く感じる。 細かくした紙は小さくて軽いから、よくとぶよ。 もっと細かくしたら軽く感じる。 集めると元の紙と同じくらいに感じる。 やっぱり、じっさいにはかってみたい。

❸ 問題づくりのポイント①

事象との出会い

　ペットボトルをつぶしたり、紙をちぎったりしながら児童に持たせ、「物の形と重さ」について調べることを意識させる。

 つぶす前とつぶした後、ちぎる前とちぎった後で、何か変化はありましたか。

形を変えると、重さにも変化がありそうだよ。

手に持つだけでなく、重さをはかってみたいな。

 そうか、いいことに気が付いているね。重さに注目したんだね。

○ペットボトルをつぶしたり、細かくした紙を元のように集めたりする体験から児童が見方や考え方を働かせ、問題を見いだす場面

⑤ 結果の見通しの把握 ▷ ⑥ 観察・実験 ▷ ⑦ 結果の整理 ▷ ⑧ 考　察 ▷ ⑨ 結論の導出

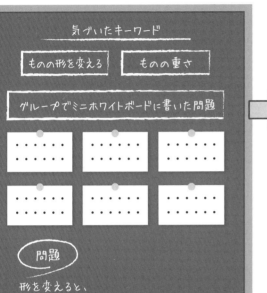

気づいたキーワード

［ものの形を変える］　［ものの重さ］

［グループでミニホワイトボードに書いた問題］

（問題）

形を変えると、
ものの重さはどうなるだろうか。

❹ 問題づくりのポイント②

 個人での問題の見いだし

気付いたことでみんながまとめた「物の形」、「重さ」というキーワードの言葉を使い、個人で問題をつくろう。

（第3学年という発達段階を考え、机間指導の場面では、「例えば『〜すると、〜はどうなるだろう』という文は問題にしやすいね」と支援することも大事である。）

グループでの話し合い

この2つの問題は同じことをいっているね。どの問題にしたらみんなの調べたい問題になるかな。

形を変えた前と後では、重さは違うのかな。

 実験で確かめられるか考えて、問題をつくろうね（実証性を意識させる）。

 黒板にあるキーワード「形」、「重さ」は入っているかな（共通点を探す具体的な発問）。

全体での話し合い

キーワードの「形」と「重さ」が入っている問題にしよう。

＼ここが／
Point!!
一人一人の気付きから、学級全体で整理したキーワード（共通点）に着目しながら問題を整理し、学級の問題として1つにまとめていく話し合いができるようにする。

＼ここが／
Point!!
諸感覚（見た目、手に持った手ごたえ）を大事にしながら、形の変化と物の重さ（質的・実体的）の関係について、着目させることが大切である。

 形や重さについて、気付いたことをカードに書き、発表しよう。

❶カードに書いた児童の気付きを発表させ、そのカードを黒板に貼っていく。
❷発表内容の視点としては、形の変化と物の重さの感じ方の違いに着目する。
❸ある程度発表させたら、板書して似ているところにカードを貼らせる。
❹分類・整理・集約して、小見出しのキーワードを付ける（形・重さに注目させる）。

第**3**学年

エネルギー
風とゴムの力の働き

A 領域(2)

「問題を見いだす場面」で「見方・考え方」を働かせる授業づくり例

① この単元のねらい

　風とゴムの力と物の動く様子に着目して、それらを比較しながら、風とゴムの力の働きを調べる活動を通して、それらについての理解を図り、観察、実験などに関する技能を身に付けるとともに、主に差異点や共通点を基に、問題を見いだす力や主体的に問題解決しようとする態度を育成する。

② 指導計画（主な学習活動）〈全7時間〉

第1次　物を動かすゴム　4時間

①ゴムの力と物の動き〈1時間〉
- ●ゴムで動く車をつくり、車を走らせ、気付いたことについて話し合う。

②ゴムの働きと物の動き〈2時間〉
- ●ゴムの伸ばし方を変えて、車の進む長さを調べる。

③ゴムの工夫と物の動き〈1時間〉
- ●ゴムの本数や太さを変えて、車の進む長さを調べる。

第2次　物を動かす風　3時間

①風の動きと物の動き〈1時間〉
- ●風で動く車をつくり、車を走らせ、気付いたことについて話し合う。

②風の働きと物の動き〈1時間〉
- ●風の強さを変えて、車の進む長さを調べる。

③ものづくり〈1時間〉
- ●ゴムや風の力の働きを利用したおもちゃをつくり、遊んだり、友達に紹介したりする。

問題を見いだす場面では

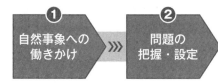

① 自然事象への働きかけ　② 問題の把握・設定

　「見方・考え方」を働かせるためには、「自然事象への働きかけ」の場面で、生活科の経験なども学習のきっかけに生かすことが大事である。そして、自然事象をどのような視点で捉え、「見方・考え方」を自在に働かせることができるようにするために、ゴムの力を体感させたり、そのゴムを使って遊ぶ体験をしたりすることが大切である。

　一人一人の体験を基に気付いたことをカードに書き、それらを黒板で分類・整理・集約して、キーワードを明確にすることでゴムの車が動いた原因や結果に自ら着目し、問題を発見する学習が行える。

③ 本単元で働かせる見方・考え方について

本単元で「見方・考え方」を働かせるには、「風とゴムの力の働きについて調べる活動」を十分に体験させることがポイント

🔍 見方（物を捉える視点：主として「量的・関係的」な視点で捉える）

実際に車を走らせる体験活動を行い、その中で気付いたことを話し合い、車などの物が動いたときの「様子の変化」や、風やゴムの「力の大きさ」に着目し、量的・関係的な見方ができるようにする。

💭 考え方（思考の枠組み：比較しながら調べる活動を通して）

風やゴムの力の大小と物の動く様子の変化を比較して調べ、差異点や共通点を基に問題の把握・設定を話し合う活動を行う。

④ 第1次における見方・考え方に基づいた予想される児童の反応例

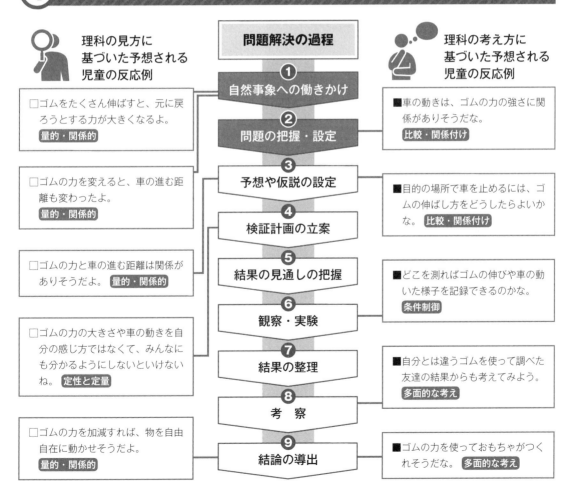

理科の見方に基づいた予想される児童の反応例

理科の考え方に基づいた予想される児童の反応例

問題解決の過程

① 自然事象への働きかけ

□ ゴムをたくさん伸ばすと、元に戻ろうとする力が大きくなるよ。 量的・関係的

② 問題の把握・設定

■ 車の動きは、ゴムの力の強さに関係がありそうだな。 比較・関係付け

③ 予想や仮説の設定

□ ゴムの力を変えると、車の進む距離も変わったよ。 量的・関係的

■ 目的の場所で車を止めるには、ゴムの伸ばし方をどうしたらよいかな。 比較・関係付け

④ 検証計画の立案

⑤ 結果の見通しの把握

□ ゴムの力と車の進む距離は関係がありそうだよ。 量的・関係的

■ どこを測ればゴムの伸びや車の動いた様子を記録できるのかな。 条件制御

⑥ 観察・実験

□ ゴムの力の大きさや車の動きを自分の感じ方ではなくて、みんなにも分かるようにしないといけないね。 定性と定量

⑦ 結果の整理

■ 自分とは違うゴムを使って調べた友達の結果からも考えてみよう。 多面的な考え

⑧ 考察

□ ゴムの力を加減すれば、物を自由自在に動かせそうだよ。 量的・関係的

⑨ 結論の導出

■ ゴムの力を使っておもちゃがつくれそうだな。 多面的な考え

⑤ 本時の授業の指導のポイント　第1次　1/4時

| 問題解決の過程 | ❶ 自然事象への働きかけ | ❷ 問題の把握・設定 | ❸ 予想や仮説の設定 | ❹ 検証計画の立案 |

❶ 本時の展開

学 習 活 動

□見方に基づいた児童の反応　・主な児童の反応
■考え方に基づいた児童の反応　○学習活動

インプット（導入）

○ゴムの感触やゴムを利用した車を使った遊びをする。

□ゴムをたくさん伸ばすと、元に戻ろうとする力が大きくなるよ。（量的・関係的）

■太いゴムと細いゴムでは、車の進む距離は違うのかな。（比較）

○気付いたことをまとめる。

アクティブ（展開）

○表の中の差異点と共通点からキーワードを整理する。

■車の動きは、ゴムの力に関係がありそうだよ。（比較・関係付け）

□ゴムの力が大きいときは、車がたくさん動くよ。（量的・関係的）

○個人で問題を見いだす。

・ゴムの力が大きいときと小さいときで、車が進む距離に違いはあるかな。

・ゴムの力の大きさと車が動く距離には、何か関係があるかな。

アウトプット（まとめ）

○ミニホワイトボードを使い、班で問題文を話し合う。

・それぞれ立てた問題を見比べて、一番ふさわしい問題を見いだそう。
（実験ができるかどうか（実証性を意識させる）なども含めて、話し合いをさせる。）

○全体で問題文を作成する。

【問題】ゴムの力の大きさを変えると、車はどのように動くのだろうか。

❷ 本時の板書例

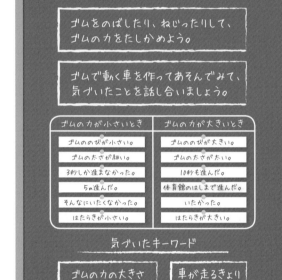

❸ 問題づくりのポイント①

事象との出会い

輪ゴムを提示して、「これは何だか分かりますか？」の発問からゴムに着目させる。

 この輪ゴムを伸ばしたり、ひねったりして、分かったことを発表しましょう。

ゴムをたくさん伸ばすと元に戻ろうとする力が大きくなるね。

ゴムをねじってはなすと元に戻ろうとするね。

ゴムの伸びが小さいと元に戻ろうとする力が小さくなるね。

○ゴムで動く車を使ったゲーム活動の中で児童が見方や考え方を働かせ、問題を見いだす場面

❺ 結果の見通しの把握 ❭ ❻ 観察・実験 ❭ ❼ 結果の整理 ❭ ❽ 考　察 ❭ ❾ 結論の導出

3年 **Ⓐ物質・エネルギー** **Ⓑ生命・地球**

○グループで考えた問題

・ゴムののびが長いと、車はたくさん進むのかな。

・ゴムの力が大きいときと小さいときで、車が進むきょりにちがいはあるかな。

・ゴムの力の大きさと車が動くきょりには何か関係があるかな。

問題　ゴムの力の大きさを変えると、車はどのように動くのだろうか。

❹ **問題づくりのポイント②**

「気付いたこと」でみんながまとめた「ゴムの力の大きさ」や「車が走る距離」というキーワードを使い、グループで問題をつくってホワイトボードに書きましょう。

グループでの話し合い

大きいゴムと小さいゴムではどちらが遠くまで行くのだろう。

ゴムの力が大きいときと小さいときでは、どちらが遠くまで行くのだろう。

大きいゴムと小さいゴムというのはゴムの力の大小と同じことだから、2人は同じ問題になっているね。

同じ言葉や似ているところはありますか。

全体での話し合い

「ゴムの力の大きさ」と「車が動く」という言葉がみんなの問題に入っています。

この2つの言葉を使って学級の問題をつくればいいね。

\ここが/
Point!!
すぐに車を動かすのではなく、話し合いを通してゴムのもつ力（エネルギー）に着目させることが大切である。

ゴムの力を使って車を動かし、気付いたことをカードに書き、発表しよう。

❶カードに書いた児童の気付きを発表させ、そのカードを黒板に貼っていく。
❷発表の視点としては、ゴムの力の強弱による車の動きや距離の違いに着目する。
❸ある程度発表させたら、板書して似ているところにカードを貼らせる。
❹分類・整理・集約して、小見出しのキーワードを付ける。

\ここが/
Point!!
共通点に着目しながら問題を整理し、1つにまとめていく話し合いができるようにする。

第3学年

A 領域（3）

エネルギー
光と音の性質

「問題を見いだす場面」で「見方・考え方」を働かせる授業づくり例

① この単元のねらい

　光を当てたときの明るさや暖かさ、音を出したときの震え方に着目して、光の強さや音の大きさを変えたときの現象の違いを比較しながら、光と音の性質について調べる活動を通して、それらについての理解を図り、観察、実験などに関する技能を身に付けるとともに、主に差異点や共通点を基に、問題を見いだす力や主体的に問題解決しようとする態度を育成する。

② 指導計画（主な学習活動）〈全13時間〉

第1次　光の性質　　7時間

①太陽の光〈1時間〉

②日光の進み方〈3時間〉

③日光を当てたところの明るさと暖かさ
〈3時間〉

第2次　音の性質　　6時間

①音が出ているときの様子〈1時間〉
●身の回りの物を使って音を出し、気付いたことについて話し合う。

②音の大きさと物の震え方〈2時間〉
●音の大きさを変えたときの、物の震え方の大小を調べる。

③音が伝わるときの様子〈1時間〉
●糸電話を使って音を出し、気付いたことについて話し合う。

④音が出ているときと出ていないときの違い〈2時間〉
●音が出ているときの、物の震え方の違いを調べる。

問題を見いだす場面では

① 自然事象への働きかけ　≫≫　**②** 問題の把握・設定

　児童のもつ既習の内容や素朴概念を十分に生かすため、自然事象との出会いでは様々な体験をさせることが大切である。そうした体験の中から児童自ら「見方・考え方」を働かせる姿を見付け、価値付けていきたい。

　体験を通して気付いたこと・疑問に思ったことを共有し合う。その際、見方・考え方を働かせたことや、生活経験などを根拠にしながら意見の集約を行う。共有した意見は、現象の違いや、性質、関係ごとに分類・整理を行い、比較・関係付けといった考え方を用いて、追究すべき問題に焦点化する。

❸ 本単元で働かせる見方・考え方について

本単元で「見方・考え方」を働かせるには、「光と音の性質について調べる活動」を十分に体験
させることがポイント

🔍 見方（物を捉える視点：主として「量的・関係的」な視点で捉える）

　身の回りにある物を使って音を出す体験活動から、音を出したときの物の震える様子と音
の大きさを変えたときの物の震え方に着目し、量的・関係的な見方ができるようにする。

💭 考え方（思考の枠組み：比較しながら調べる活動を通して）

　音の大きさを変えたときの物の震え方の違いを比較しながら、差異点や共通点を基に問題
の把握・設定を話し合う活動を行う。

❹ 第2次における見方・考え方に基づいた予想される児童の反応例

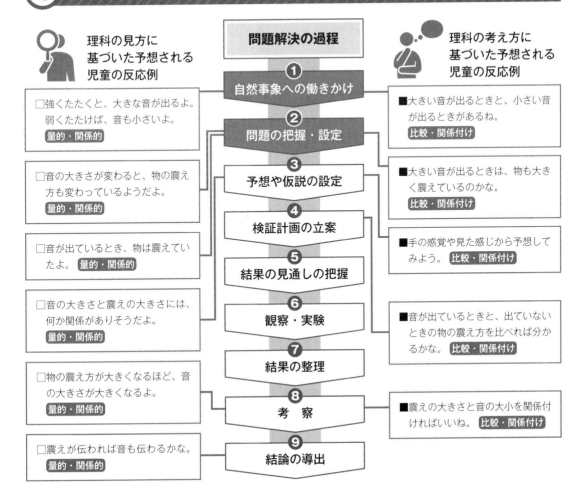

⑤ 本時の授業の指導のポイント　第2次　1/6時

問題解決の過程	❶ 自然事象への働きかけ	❷ 問題の把握・設定	❸ 予想や仮説の設定	❹ 検証計画の立案

❶ 本時の展開

学習活動
□見方に基づいた児童の反応　・主な児童の反応
■考え方に基づいた児童の反応　○学習活動

インプット（導入）

○楽器や音が出る物を自由に使って音を出してみる。

□強くたたくと、大きな音が出るよ。（量的・関係的）

□紙笛を吹くと、音が鳴るとき紙が震えるね。（量的・関係的）

□たたくのが弱いと、震えが小さいね。（量的・関係的）

■どんな物も、強くたたくと震えと音の大きさは大きくなり、弱くたたくと震えも音の大きさも小さくなるのかな。（比較）

○気付いたことをまとめる。

アクティブ（展開）

○表の中の差異点と共通点からキーワードを整理する。

■大きい音が出るときと、小さい音が出るときの違いは何だろう。（比較・関係付け）

□音が大きければ大きいほど、物の震え方が大きいな。（量的・関係的）

○個人で問題を見いだす。

□物を強くたたくと、大きな音が出るな。（量的・関係的）

□大きな音が出ているとき、物の震え方が大きいな。（量的・関係的）

アウトプット（まとめ）

○思考ツールを使い、班で問題文を話し合う。
（クラゲチャート→ミニホワイトボード）

・それぞれ立てた問題を見比べて、一番ふさわしい問題を見いだそう。

○全体で問題文を作成する。

【問題】音の大きさが変わると、物の震え方はどのように変わるのだろうか。

❷ 本時の板書例

がっきや音が出るものを使って、自由に音を出してみよう。

様々なもので音を出してみて、気づいたことを話し合いましょう。

音が小さいとき	音が大きいとき
弱くたたいた。	強くたたいた。
弱くこすった。	強くこすった。
紙が少しふるえた。	紙が強くふるえた。
わゴムを弱くはじいた。	わゴムを強くはじいた。
もののふるえ方が小さい。	もののふるえ方が大きい。

がっきや音が出るものと音の関係で気づいたキーワード

音の大きさ	もののふるえ方

❸ 問題づくりのポイント①

事象との出会い

楽器や音が出る物を提示し自由に体験させる中で、物が震える様子に着目させる。

 音を出してみて気が付いたことを発表しましょう。

紙笛を吹くと、紙が震えているときに音が鳴るよ。

ゴムを強くはじくと、大きな音が出たよ。

たたいて音を出したとき、たいこは震えていたよ。

○楽器や音が出る物を自由に使った活動の中で児童が見方や考え方を働かせ、問題を見いだす場面

❺ 結果の見通しの把握 ＞ ❻ 観察・実験 ＞ ❼ 結果の整理 ＞ ❽ 考　察 ＞ ❾ 結論の導出

❹ 問題づくりのポイント②

○グループで考えた問題

・音の大きさがかわると、もののふるえ方はかわるのだろうか。

・たたく強さによって、音の大きさやふるえ方はかわるのだろうか。

・大きい音と小さい音では、もののふるえ方がどのようにちがうのだろうか。

問題　音の大きさがかわると、もののふるえ方はどのようにかわるのだろうか。

\ここが/
Point!!
楽器や音が出る物を使って様々な体験をさせる中で、物が震えている様子に着目させることが大切である。

 様々な道具を使って音を出したときに、気付いたことをカードに書き、発表しよう。

❶カードに書いた児童の気付きを発表させ、そのカードを黒板に貼っていく。
❷発表の視点としては、音の大小による物の震えている様子の違いに着目する。
❸ある程度発表させたら、板書して似ているところにカードを貼らせる。
❹分類・整理・集約して、小見出しのキーワードを付ける。

 「気付いたこと」でみんながまとめた「音の大きさ」や「物の震え方」というキーワードを使い、グループで問題をつくってホワイトボードに書きましょう。

グループでの話し合い

音が出ているとき、物はみんな震えるのだろうか。

音の大きさと震え方には、どのような関係があるのだろうか。

音の大きさが変わると、震え方はどのように変わるのだろうか。

この中で一番よい問題はどれかな。

 同じ言葉や似ているところはありますか。

全体での話し合い

「音の大きさ」や「物の震え方」というキーワードをみんなうまく使っているね。

「音が大きいとき、小さいとき」ではなくて、「音の大きさが変わると」にすると、実験がしやすくなると思うな。

\ここが/
Point!!
共通点に着目しながら問題を整理し、1つにまとめていく話し合いができるようにする。

第3学年

エネルギー
磁石の性質

Ⓐ 領域(4)

「問題を見いだす場面」で「見方・考え方」を働かせる授業づくり例

① この単元のねらい

　磁石を身の回りの物に近付けたときの様子に着目して、それらを比較しながら、磁石の性質について調べる活動を通して、それらについての理解を図り、観察、実験などに関する技能を身に付けるとともに、主に差異点や共通点を基に、問題を見いだす力や主体的に問題解決しようとする態度を育成する。

② 指導計画（主な学習活動）〈全8時間〉

第1次　磁石に引き付けられる物　5時間

①身の回りの物と磁石〈1時間〉
●身の回りのいろいろな物に磁石を付けてみて、気付いたことを話し合う。

②磁石に引き付けられる物・引き付けられない物〈1時間〉
●どのような物が磁石に引き付けられるのかを調べる。

③離れている鉄と磁石〈1時間〉
●磁石と鉄の距離を変えたときの磁石の引き付ける力を調べる。

④磁石の極〈2時間〉
●磁石の極同士を近付けるとどうなるか、組み合わせを変えながら調べる。

第2次　磁石と鉄　3時間

①磁石になる鉄〈2時間〉
②ものづくり〈1時間〉

問題を見いだす場面では

① 自然事象への働きかけ　≫≫≫　**②** 問題の把握・設定

　「見方・考え方」を働かせるためには、「自然事象への働きかけ」の活動で、児童に自由に磁石で遊ぶ体験をさせる。自分の身の回りにある物が、磁石に引き付けられるのかどうかを、自分から進んで試すことができるように十分な時間と場を確保したい。その中から、児童が見付けたこと、不思議に思ったことなどを個々にカードにまとめさせる。そして、カードを黒板に貼っていきながら、全体で分類、集約をしていくことで、問題を見いだすことができるようにする。

　本時の詳しい学習活動の展開例について、板書を中心に指導ポイントを参照するとよい。

③ 本単元で働かせる見方・考え方について

本単元で「見方・考え方」を働かせるには、「磁石の性質について調べる活動」を十分に体験させることがポイント

見方（物を捉える視点：主として「量的・関係的」な視点で捉える）

　身の回りのいろいろな物に磁石を付ける活動を行い気付いたことを話し合い、磁石を近付けたときの物の様子や特徴に着目させることで、量的・関係的な見方ができるようにする。

考え方（思考の枠組み：比較しながら調べる活動を通して）

　磁石を身の回りの物に近付けたりする活動を行い、それらを比較しながら差異点・共通点から疑問をもたせ、問題の把握・設定を話し合う活動を行う。

④ 第1次における見方・考え方に基づいた予想される児童の反応例

理科の見方に基づいた予想される児童の反応例	問題解決の過程	理科の考え方に基づいた予想される児童の反応例
	① 自然事象への働きかけ	■どんな物でも磁石を近付けると引き付けられるのかな。 比較・関係付け
□磁石を近付けると、引き付けられる物と引き付けられない物があるよ。 原因と結果	② 問題の把握・設定	
□金属はどれも磁石に引き付けられると思うけど、金属以外でも引き付けられるのかな。 関係的	③ 予想や仮説の設定	■黒板やホワイトボードは引き付けられるから、光っていなくても引き付けられそうだな。 多面的な考え
□磁石と物の間に下敷きを挟んでもクリップが動いたけど、ノートを挟んでも動くのかな。 量的・関係的	④ 検証計画の立案	
	⑤ 結果の見通しの把握	■身の回りのいろいろな物で調べて、結果は表に書いて比べれば分かるかな。 比較・関係付け
□引き付けられそうにないところも試して確認したほうがいいね。 部分と全体	⑥ 観察・実験	
	⑦ 結果の整理	■はさみは磁石に引き付けられるところと引き付けられないところがありそうだよ。 比較・関係付け
	⑧ 考察	■自分が調べていない物の結果からも考えてみよう。 多面的な考え
□長い時間、磁石に付けていた釘が、磁石みたいに他の釘を引き付けたよ。 量的・関係的	⑨ 結論の導出	

⑤ 本時の授業の指導のポイント 第1次 1/5時

| 問題解決の過程 | ❶ 自然事象への働きかけ | ❷ 問題の把握・設定 | ❸ 予想や仮説の設定 | ❹ 検証計画の立案 |

❶ 本時の展開

学 習 活 動
□見方に基づいた児童の反応　・主な児童の反応
■考え方に基づいた児童の反応　○学習活動

インプット（導入）

○身の回りのいろいろな物に磁石を近付けて調べてみる。
□磁石を近付けると、引き付けられる物と引き付けられない物があるよ。（原因と結果）
■（豆電球の学習を先に行っていた場合）豆電球がついたりつかなかったりするのとは違うみたいだ。（比較・関係付け）
■磁石同士でやると、くっつくときと離れるときがあるよ。（比較・関係付け）

アクティブ（展開）

○気付いたことや疑問に思ったことを個人のカード（短冊）に記入し、問題を見いだす。
■はさみには、磁石が付く部分と付かない部分がありそうだよ。（比較・関係付け）
□下敷きの上ではクリップは動いたけれど、教科書の上では動かないみたいだな。（量的・関係的）
□磁石とクリップが離れていても引き付けられたよ。（量的・関係的）

アウトプット（まとめ）

○思考ツールを使い、掲示したカードを分類する。
（KJ法的手法）
（似た内容のカードをまとめながら、分類する。分類されたグループにタイトルを付けながら、磁石について知りたいことや確かめたいことを全体で整理する。）
○整理されたことを基にして、全体で問題を作成する。

❷ 本時の板書例

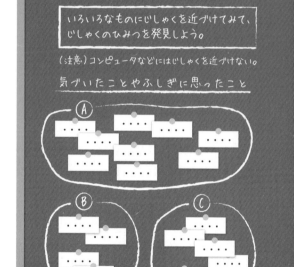

❸ 問題づくりのポイント①

事象との出会い

　身の回りのいろいろな物に磁石を近付けたときの物の様子やその特徴に着目させる。

 いろいろな物に磁石を近付けてみながら、「磁石の不思議」をたくさん発見しましょう。

（豆電球の学習を先に行っていた場合）金属は電気を通したので、金属は全部付くんじゃないかな。

磁石に付くと思ったのに、付かない物もあるね。どんな物が付くんだろう。

黒板に磁石を近付けたとき、手ごたえを感じたよ。

○身の回りの物に磁石を付ける活動から児童が見方や考え方を働かせ、問題を見いだす場面

```
┌─────────────┐   ┌─────────────┐   ┌─────────────┐   ┌─────────────┐   ┌─────────────┐
│ ❺結果の見通しの │ ⟩│ ❻観察・実験   │ ⟩│ ❼結果の整理   │ ⟩│ ❽考察       │ ⟩│ ❾結論の導出   │
│   把握       │   │             │   │             │   │             │   │             │
└─────────────┘   └─────────────┘   └─────────────┘   └─────────────┘   └─────────────┘
```

❹ 問題づくりのポイント②

＜黒板＞

分けたグループごとにタイトルをつけよう

Ⓐ 引きつけられるもの・引きつけられないもの

Ⓑ はなれているときのじしゃくのパワー

Ⓒ じしゃくどうしの引きつけ合い

問題を作ろう

問題　どんなものがじしゃくに引きつけられるのだろうか。

問題　じしゃくの力ははなれていてもはたらくのだろうか。

問題　じしゃくどうしは、どういうときについたりはなれたりするのだろうか。

 いくつかのグループに分かれましたね。グループを整理しながらタイトルを付けましょう。

全体での話し合い

 Ⓐは、磁石が引き付けた物とそうではない物のグループだね。

 磁石が離れていてもクリップがくっつくことと、下敷きを挟んで調べたことは、どちらも磁石を直接付けていないので、同じグループにできるね。

 Ⓒは、磁石同士が引き付け合うか、離れようとするかのまとまりになっているね。

\ここが/
Point!!

単に磁石に付く物、付かない物を試すだけではなく、付くときの様子やその物の特徴にも着目させる。そのためには、物の材質に目を向けさせたり、ゆっくりと磁石を近付けることで、磁石のもつ力（エネルギー）を感じさせたりすることが大切である。

 磁石について知りたいことや確かめたいことを全体で考え、問題をつくりましょう。

 たくさん問題ができたね。まず最初に、引き付けられる物の正体から調べよう。

 見付けたことをカードに書き、発表しましょう。

❶カードに書いた児童の気付きを発表させ、そのカードを黒板に貼っていく。

❷ある程度発表させたら、似ているカードの近くにカードを貼らせる。

❸共通点を基に、いくつかのグループに分類・整理する。

\ここが/
Point!!

・タイトルを付ける活動では、大まかにグルーピングしたカードの共通した内容に着目させながら、さらに整理・集約していくようにするとよい。

・分類されたグループのタイトルから問題を整理し、1つずつまとめていく話し合いができるようにする。

第3学年

エネルギー 電気の通り道

Ⓐ 領域（5）

「問題を見いだす場面」で「見方・考え方」を働かせる授業づくり例

---

① この単元のねらい

　乾電池と豆電球などのつなぎ方と乾電池につないだ物の様子に着目して、電気を通すときと電気を通さないときのつなぎ方を比較しながら、電気の回路について調べる活動を通して、それらについての理解を図り、観察、実験などに関する技能を身に付けるとともに、主に差異点や共通点を基に、問題を見いだす力や主体的に問題解決しようとする態度を育成する。

---

② 指導計画（主な学習活動）〈全9時間〉

第1次 電気の通り道 〈3時間〉

①電気を通すつなぎ方 〈2時間〉

②ソケットなしで明かりをつける 〈1時間〉

第2次 電気を通す物・通さない物 〈3時間〉

①電気を通す物・通さない物 〈3時間〉

●どのような物が電気を通すのかを調べる。

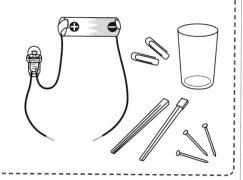

第3次 深めよう 〈3時間〉

①遠くにある豆電球に明かりをつけよう 〈1時間〉

②ものづくり 〈2時間〉

問題を見いだす場面では

① 自然事象への働きかけ　≫≫　② 問題の把握・設定

　児童は、第1次で導線を乾電池の＋極と－極につないで回路にすると、豆電球に明かりがつくことを経験している。しかし、中には、回路をつくったつもりでも、明かりがつかないことを経験した児童がいる。その原因は、導線の端がきちんとはがされていなかったり、セロハンテープなど別の物が間にあったりしたからである。そこで、第2次の最初では、このことやこれまで経験してきたことを基に、電気を通すときと通さないときの違いに着目させながら、問題を見いだす活動を行う。

　個人で考えた後に、グループで思考ツール等を使って問題を集約し、学級全体で問題を見いだしていくようにするとよい。

❸ 本単元で働かせる見方・考え方について

本単元で「見方・考え方」を働かせるには、「電気の回路について調べる活動」を十分に体験させることがポイント

🔍 **見方（物を捉える視点：主として「量的・関係的」な視点で捉える）**

　豆電球に明かりをつける活動を行い気付いたことを話し合い、乾電池と豆電球のつなぎ方と乾電池につないだ物の様子に着目させることで、量的・関係的な見方ができるようにする。

💭 **考え方（思考の枠組み：比較しながら調べる活動を通して）**

　豆電球に明かりをつける活動を行い、明かりがつくときとつかないときのつなぎ方を比較しながら、差異点・共通点を基に、問題の把握・設定を話し合う活動を行う。

❹ 第2次における見方・考え方に基づいた予想される児童の反応例

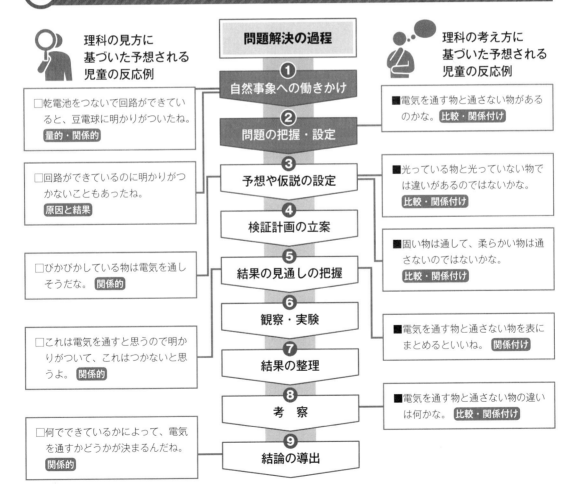

理科の見方に基づいた予想される児童の反応例

□乾電池をつないで回路ができていると、豆電球に明かりがついたね。 量的・関係的

□回路ができているのに明かりがつかないこともあったね。 原因と結果

□ぴかぴかしている物は電気を通しそうだな。 関係的

□これは電気を通すと思うので明かりがついて、これはつかないと思うよ。 関係的

□何でできているかによって、電気を通すかどうかが決まるんだね。 関係的

問題解決の過程

① 自然事象への働きかけ
② 問題の把握・設定
③ 予想や仮説の設定
④ 検証計画の立案
⑤ 結果の見通しの把握
⑥ 観察・実験
⑦ 結果の整理
⑧ 考察
⑨ 結論の導出

理科の考え方に基づいた予想される児童の反応例

■電気を通す物と通さない物があるのかな。 比較・関係付け

■光っている物と光っていない物では違いがあるのではないかな。 比較・関係付け

■固い物は通して、柔らかい物は通さないのではないかな。 比較・関係付け

■電気を通す物と通さない物を表にまとめるといいね。 関係付け

■電気を通す物と通さない物の違いは何かな。 比較・関係付け

⑤ 本時の授業の指導のポイント 第2次 1/3時

問題解決の過程	❶ 自然事象への働きかけ	❷ 問題の把握・設定	❸ 予想や仮説の設定	❹ 検証計画の立案

❶ 本時の展開

学 習 活 動
□見方に基づいた児童の反応　・主な児童の反応
■考え方に基づいた児童の反応　○学習活動

インプット（導入）

○豆電球に明かりがつかないときがあったことから、原因は何かを考える。
・回路ができていたら電気が通るはずなのに、おかしいな。
□セロハンテープの上から導線を当てていたからかな。（原因と結果）
■回路ができていても間に物があると、明かりがつかないのかな。（比較・関係付け）
○回路の途中に物をつないでみて、気付いたことを発表する。

アクティブ（展開）

○気付いたことから、考えを整理する。
■回路の間につながっている物が違うと、豆電球の明かりがつくときとつかないときがあるね。（比較・関係付け）
□豆電球がつけば、電気を通しているということかな。（関係的）
○個人で問題を見いだす。
■電気を通す物と通さない物の違いは何だろう。（比較・関係付け）
■何でできているかによって違うのかな。（比較）
・いろいろな物を回路に入れて試してみたいな。

アウトプット（まとめ）

○思考ツールを使い、班で問題文を話し合う。（ピラミッドチャート→ミニホワイトボード）
・それぞれ立てた問題を見比べて、一番ふさわしい問題を見いだそう。
○全体で問題文を作成する。

❷ 本時の板書例

豆電球に明かりがつかなかったのは、なぜだろう。

いろいろとためしてみて、気づいたことを話し合いましょう。

・セロハンテープの上から導線を当てると明かりがつかない。

・導線をきちんとむいていると明かりがつくけれど、ビニルの部分をつけても明かりはつかない。

・回路の間にものがあっても明かりがつくことがある。

・回路の間につないでいるものによって、明かりがつくかどうかがかわる。

キーワード
・間にあるもの
・電気を通すもの
・電気を通さないもの

❸ 問題づくりのポイント①

事象との出会い

　前次でうまく豆電球がつかなかったときのことを想起させ、なぜつかなかったのかを考えさせる。

豆電球に明かりがつかなかったのは、なぜだと思いますか。

導線のビニルをきちんとはがさなかったからだと思います。

乾電池の＋極のところにテープが貼ってあったからです。

ちゃんと回路になっていなかったんじゃないかな。

○回路にしたつもりでも豆電球がつかない場合があることから児童が見方や考え方を働かせ、問題を見いだす場面

❺ 結果の見通しの把握 ＞ ❻ 観察・実験 ＞ ❼ 結果の整理 ＞ ❽ 考 察 ＞ ❾ 結論の導出

❹ 問題づくりのポイント②

○グループで考えた問題

・電気を通すものと通さないものがあるのだろうか。

・ぴかぴかしているものは電気を通すのだろうか。

・やわらかいものは電気を通さないのだろうか。

問題　どのようなものが電気を通すのだろうか。

「気付いたこと」でみんながまとめた「電気を通す物」などのキーワードを使い、グループで問題をつくってホワイトボードに書きましょう。

グループでの話し合い

間につないだ物によって、豆電球がついたりつかなかったりしたから、「どんな物が電気を通すのだろうか」という問題にしたよ。

言葉は少し違うけど、同じ問題をつくったよ。

グループの問題はこれでいいかな。

同じ言葉や似ているところはありますか。

全体での話し合い

「電気を通すだろうか」とすれば、電気を通さない物も調べられるね。

「ぴかぴかした物や柔らかい物などは、どのような物」でまとめるといいと思います。

\ここが/
Point!!
前次の活動では、先端がむけていない導線を渡して、うまくつかない経験をさせておくとよい。つかないときは、回路の間に物が入っていることに気付かせ、電気を通さない物があるのではないかという考えをもたせることが大切である。

回路の途中に物をつないで、豆電球がつくときとつかないときを比べ、気付いたことをカードに書きましょう。

❶回路の間にいろいろな物を入れたときの豆電球などの様子に着目させる。
❷豆電球がついたときとつかないときを比較しながら、それらの差異点や共通点に気付かせるようにする。

\ここが/
Point!!
共通点に着目しながら問題を整理し、1つにまとめていく話し合いができるようにする。

第**3**学年

生命
身の回りの生物

B 領域（1）　「問題を見いだす場面」で「見方・考え方」を働かせる授業づくり例

① この単元のねらい

　身の回りの生物について、探したり育てたりする中で、これらの様子や周辺の環境、成長の過程や体のつくりに着目して、それらを比較しながら、生物と環境との関わり、昆虫や植物の成長のきまりや体のつくりを調べる活動を通して、それらについての理解を図り、観察、実験などに関する技能を身に付けるとともに、主に差異点や共通点を基に、問題を見いだす力や生物を愛護する態度、主体的に問題解決しようとする態度を育成する。

② 指導計画（主な学習活動）〈全31時間〉

| **第1次 自然の観察** | 4時間 |

| **第2次** 植物の育ち方〔1〕 種まき | 5時間 |

　①種の観察〈1時間〉
　　●いろいろな植物の種を見て、気付いたことを話し合う。

　②種まき〈1時間〉
　③植物の育ち方〈1時間〉
　④芽が出た後〈1時間〉
　⑤子葉が出た後〈1時間〉

| **第3次 昆虫の育ち方** | 10時間 |

| **第4次** 植物の育ち方〔2〕 葉・茎・根 | 2時間 |

| **第5次** 植物の育ち方〔3〕 花 | 2時間 |

| **第6次 動物のすみか** | 4時間 |

| **第7次** 植物の育ち方〔4〕 花が咲いた後 | 4時間 |

問題を見いだす場面では

① 自然事象への働きかけ　》》》　**②** 問題の把握・設定

　「見方・考え方」を働かせるためには、生活科で植物を育てた経験を学習のきっかけに生かすことが大事である。複数種の植物の種を色・形・大きさなどに着目させて、特徴を調べる活動を行うことで、生活科で育てた植物との差異点や共通点を基に問題を見いだす学習が行える。

　この単元では、一人一人が観察カードに気付いたことを書き、各々で観察する視点を決める。観察したことは、絵と言葉で記録する。観察して気付いたことを全体で発表し、分かったこととして文章でまとめる。様子が変わるのはいつ、どんな様子か予想し、根拠とともに観察カードへ記入する。植物の成長を予想し実際と比べることで、新たな問題を発見する学習が行える。

❸ 本単元で働かせる見方・考え方について

本単元で「見方・考え方」を働かせるには、「生物と環境の関わり、昆虫や植物の成長のきまりや体のつくりについて調べる活動」を十分に体験させることがポイント

🔍 見方（物を捉える視点：主として「共通性・多様性」の視点で捉える）

「生物の様子」や「周辺の環境」、「成長の過程」や「体のつくり」に着目させることで、共通性・多様性の見方ができるようにする。

👤 考え方（思考の枠組み：比較しながら調べる活動を通して）

身の回りの生物について探したり育てたりする中で、それらを比較して差異点や共通点から疑問をもたせ、問題の把握・設定を話し合う活動を行う。

❹ 第2次における見方・考え方に基づいた予想される児童の反応例

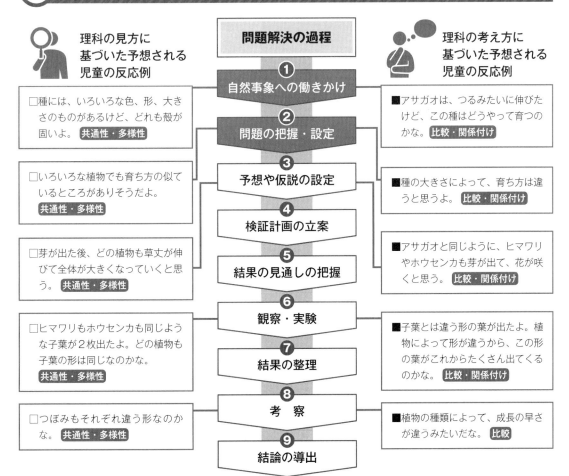

理科の見方に基づいた予想される児童の反応例

問題解決の過程

理科の考え方に基づいた予想される児童の反応例

① 自然事象への働きかけ

□種には、いろいろな色、形、大きさのものがあるけど、どれも殻が固いよ。 共通性・多様性

■アサガオは、つるみたいに伸びたけど、この種はどうやって育つのかな。 比較・関係付け

② 問題の把握・設定

□いろいろな植物でも育ち方の似ているところがありそうだよ。 共通性・多様性

③ 予想や仮説の設定

■種の大きさによって、育ち方は違うと思うよ。 比較・関係付け

④ 検証計画の立案

□芽が出た後、どの植物も草丈が伸びて全体が大きくなっていくと思う。 共通性・多様性

⑤ 結果の見通しの把握

■アサガオと同じように、ヒマワリやホウセンカも芽が出て、花が咲くと思う。 比較・関係付け

⑥ 観察・実験

□ヒマワリもホウセンカも同じような子葉が2枚出たよ。どの植物も子葉の形は同じなのかな。 共通性・多様性

■子葉とは違う形の葉が出たよ。植物によって形が違うから、この形の葉がこれからたくさん出てくるのかな。 比較・関係付け

⑦ 結果の整理

⑧ 考察

□つぼみもそれぞれ違う形なのかな。 共通性・多様性

■植物の種類によって、成長の早さが違うみたいだな。 比較

⑨ 結論の導出

51

❺ 本時の授業の指導のポイント① 第2次 1/5時

| 問題解決の過程 | ➊ 自然事象への働きかけ | ➋ 問題の把握・設定 | ➌ 予想や仮説の設定 | ➍ 検証計画の立案 |

❶ 本時の展開

学 習 活 動
□見方に基づいた児童の反応 ・主な児童の反応
■考え方に基づいた児童の反応 ○学習活動

インプット（導入）

○複数の種類の種から、2種類の種を選ぶ。
□大きさも形も色も、種の種類によって違うんだね。（共通性・多様性）
■この種からどんな花が咲くんだろう。（関係付け）
○気付いたことをまとめる。

アクティブ（展開）

○気付いたことをカードにまとめ、共通の言葉を見付ける。
□形、大きさ、色、模様に注目してみようかな。（共通性・多様性）
○気付いたことから、生活科で育てた植物を基に、これからの成長を予想する。
■アサガオと同じように、芽が出て草丈が伸びて、つるが出て、つぼみができて、花が咲くと思う。（比較・関係付け）
■アサガオの種より大きい種は、草丈が高く花が大きくて、小さい種は草丈が低く小さい花が咲くのかな。（比較・関係付け）
○個人で問題を見いだす。
・植物によって種から出る芽の色や形、大きさは、違うように育つのだろうか。
・種から芽が出た後は、どのように育っていくのだろうか。

アウトプット（まとめ）

○思考ツールを使い、班で問題文を話し合う。
（ピラミッドチャート→ミニホワイトボード）
・それぞれ立てた問題を見比べて、調べられそうな、ふさわしい問題を見いだそう。
○全体で問題文を作成する。

【問題】植物は、種からどのように育つのだろうか。

❷ 本時の板書例

2しゅるいのたねをえらんで、くらべてみよう。

たねをかんさつして、気づいたこと

・たねには、いろいろな色、形、大きさのものがある。

・同じしゅるいのたねは、ちがうところもあるけど、だいたい同じような大きさや形をしている。

・たねには、ごつごつしているところやすべすべしているところがある。

・もようがついているたねや、一色のたねがある。

・たねにへこんでいるところがある。

❸ 問題づくりのポイント①

事象との出会い

　複数の種を提示し、種にはいろんな種類のものがあることに気付かせる。

 種を見て、気が付いたことを発表しましょう。

色と形と大きさが違うよ。

アサガオよりも大きい種があるよ。

同じ種類の種でも、よく見ると模様や大きさが違うよ。

○2種類の種を選び、比べながら観察する活動から児童が見方や考え方を働かせ、問題を見いだす場面

❺ 結果の見通しの把握 〉 ❻ 観察・実験 〉 ❼ 結果の整理 〉 ❽ 考　察 〉 ❾ 結論の導出 〉

3年
Ⓐ 物質・エネルギー
Ⓑ 生命・地球

❹ 問題づくりのポイント②

たねを植えた後のようす

めが出る	つるが出る
つぼみができる	花がさく
アサガオより草たけが高い	アサガオより草たけがひくい

はんごとにまとめた問題のホワイトボード

・このたねは、どのように育つのだろうか。

・このたねから、どのくらいの大きさに育つのだろうか。

・どんな花がさくのだろうか。

問題 植物は、たねからどのように育つのだろうか。

 調べたいことは何ですか。まず個人で考えて付箋に書いた後、グループごとに話し合って問題をつくりましょう。

グループでの話し合い

この種は、どんなふうに育つのだろうか。

この種から、どのくらいの大きさに育つのだろうか。

どんな花が咲くのだろうか。

 同じ言葉や似ているところはありますか。

全体での話し合い

「種」と「育つ」を使ってクラスの問題をつくろう。

「どのくらいの大きさ」とか「どんな花が咲く」というのは、「どのように育つのだろうか」とまとめられるね。

\ここが/
Point!!
虫眼鏡を使って、色、形、大きさなどの観察をする。一人一人が視点を定めて、違う種類の種を比較しながら、共通性・多様性の見方を働かせたり、生活科の学習や生活経験と関係付けたりする考え方を働かせるために、大切な活動となる。

 2種類の種を選んで、比べて分かったことを、観察カードに書きましょう。

❶教師の板書のポイントとしては、共通性・多様性の見方、比較・関係付けの考え方を働かせている言葉を取り上げて、価値付けることである。

\ここが/
Point!!
共通している言葉に着目しながら問題を整理し、学級の問題として1つにまとめていく話し合いができるようにする。

⑤ 本時の授業の指導のポイント② 　第3次　1/10時

| 問題解決の過程 | ❶ 自然事象への働きかけ | ❷ 問題の把握・設定 | ❸ 予想や仮説の設定 | ❹ 検証計画の立案 |

❶ 本時の展開

学 習 活 動
□見方に基づいた児童の反応　・主な児童の反応 ■考え方に基づいた児童の反応　○学習活動

インプット（導入）

○キャベツ畑へ行き、モンシロチョウの卵を見付ける。

□こんなに小さい卵から、どのチョウも大人のチョウになれるのかな。（共通性・多様性）

■キャベツとモンシロチョウは何か関係があるのかな。（比較・関係付け）

○気付いたことをまとめる。

気づいたこと
・米つぶみたいな形をしているよ。 ・しずくみたいな形にもトウモロコシみたいにも見えるよ。 ・色は、黄色だね。 ・すごく小さいよ。 ・1、2mmくらいの大きさだよ。 ・他にもにたような色と形をしたたまごがあるよ。 ・たまごの大きさとチョウの大きさが全然違うよ。

アクティブ（展開）

○気付いたことからキーワードを整理する。

□モンシロチョウの卵は、どれも黄色くて小さいんだね。他のチョウの卵も同じかな。（共通性・多様性）

・モンシロチョウは、どんなチョウなのだろう。

○個人で問題を見いだす。

■卵はチョウの形をしていないけど、どのように育ってチョウになるのかな。（関係付け）

・羽は、いつ生えるのかな。

アウトプット（まとめ）

○思考ツールを使い、班で問題文を話し合う。
（ピラミッドチャート→ミニホワイトボード）

・それぞれ立てた問題を見比べて、一番ふさわしい問題を見いだそう。

○全体で問題文を作成する。

【問題】チョウは、卵からどのように育つのだろうか。

❷ 本時の板書例

> キャベツ畑に行って、たまごを見つけよう。
>
> モンシロチョウのたまごを見て、気づいたことを話し合いましょう。
>
> ・米つぶみたいな形をしている。
>
> ・黄色くてとても小さい。
>
> ・たまごの大きさとチョウの大きさがちがう。
>
> たまごを見て気づいたキーワード
>
> 小さい（大きさ）　　黄色い（色）
>
> 米つぶみたい（形）
>
> これからのこと（せい長すると？）

❸ 問題づくりのポイント①

事象との出会い

キャベツを植えた場所へ行き、実際のモンシロチョウの卵を見付けさせる。

2年生のときに植えたキャベツにモンシロチョウが来ていました。キャベツを食べるのかな。何をしているのか見に行きましょう。

よく見ると、葉の裏に黄色い小さな粒みたいなのがあるよ。

キャベツの葉に食べられた跡があるよ。

モンシロチョウが、卵を生んでいるよ。

○モンシロチョウの卵を見付ける活動を通して児童が見方や考え方を働かせ、問題を見いだす場面

⑤ 結果の見通しの把握 ＞ ⑥ 観察・実験 ＞ ⑦ 結果の整理 ＞ ⑧ 考　察 ＞ ⑨ 結論の導出

❹ 問題づくりのポイント②

 卵を見て気付いたことを基に、グループでホワイトボードに問題をつくろう。

 グループでの話し合い

○グループで考えた問題

・このたまごからどのくらいの大きさのよう虫が出てくるのだろうか。

・どんなチョウに育つのだろうか。

・どのくらいでチョウに育つのだろうか。

問題　チョウは、たまごからどのように育つのだろうか。

この卵からどのくらいの大きさの幼虫が出てくるのだろうか。

どんなチョウに育つのだろうか。

どのくらいでチョウに育つのだろうか。

 同じ言葉や似ているところはありますか。

 全体での話し合い

「卵」「チョウ」「育つ」が同じような言葉で使われているよ。

主語は「チョウ」だね。

「どのように育つ」を入れたいね。

\ここが/
Point!!
実際にモンシロチョウの卵を児童に見せることが大切である。ただし、似たような形をした卵もあるので、種類が違うことを教えることも必要である。

 モンシロチョウの卵を見て、気付いたことをカードに書き、発表しよう。

❶児童がカードに書いた気付きを発表させ、そのカードを黒板に貼っていく。
❷教師の板書のポイントとしては、共通性・多様性の見方、比較・関係付けの考え方を働かせている言葉を取り上げて、価値付けることである。

\ここが/
Point!!
共通している言葉に着目しながら問題を整理し、学級の問題として1つにまとめていく話し合いができるようにする。

第3学年

B 領域（2）

地球
太陽と地面の様子

「問題を見いだす場面」で「見方・考え方」を働かせる授業づくり例

① この単元のねらい

　日なたと日陰の様子に着目して、それらを比較しながら、太陽の位置と地面の様子を調べる活動を通して、それらについての理解を図り、観察、実験などに関する技能を身に付けるとともに、主に差異点や共通点を基に、問題を見いだす力や主体的に問題解決しようとする態度を育成する。

② 指導計画（主な学習活動）〈全10時間〉

第1次　影のでき方と太陽の位置　6時間

①影のでき方〈1時間〉
- ●影踏み遊びや影つなぎを行い、影のでき方や向きについて、気付いたことをノートに記録する。

②影の向きと太陽の見える方向〈1時間〉
- ●影踏み遊びの活動を通して、気付いたことを話し合う。

③影の向きと太陽の動き〈1時間〉
- ●時刻を変えて、影の位置と太陽の位置を比べながら調べる。

④太陽の動き〈3時間〉
- ●影の位置が変わるとき、太陽の位置も変わることから、太陽はどのように動くか話し合う。
- ●方位磁針で太陽の位置を表すことを確認し、一日の太陽の動き方を調べる。

第2次　日なたと日陰の地面の様子　4時間

①日なたと日陰の地面の様子〈1時間〉
②日なたと日陰の地面の温度〈2時間〉
③太陽と地面の様子の関係〈1時間〉

問題を見いだす場面では

❶ 自然事象への働きかけ　》》》　❷ 問題の把握・設定

　自然事象への働きかけにおいて、太陽と地面にできる日陰や影の位置関係に気付かせるために、影踏み遊びを行う。影踏み遊びの際は、日陰にかかるところにコートを作成し、鬼につかまらない安全地帯（日陰）をつくっておく。そうすることで、太陽と地面にできる日陰や影の位置関係に着目しやすくなる。

　本時では、影踏み遊びの活動を想起し、差異点や共通点を基に問題を見いだしていく。なお、児童が影踏み遊びの活動を想起しやすいように、活動しているときの写真を提示して話し合いを進める。個人で問題を見いだした後は、思考ツールを活用して、班で1つの問題を見いだす。最後は全体で見合い、共通事項から学級としての問題を見いだす。

③ 本単元で働かせる見方・考え方について

本単元で「見方・考え方」を働かせるには、「太陽の位置と地面の様子について調べる活動」を十分に体験させることがポイント

見方（物を捉える視点：主として「時間的・空間的」な視点で捉える）

　影踏み遊びの活動を行って気付いたことを話し合い、日なたと日陰の様子、日陰のでき方や太陽と日陰の位置、日なたと日陰の温度の違いなどに着目させることで、時間的・空間的な見方ができるようにする。

考え方（思考の枠組み：比較しながら調べる活動を通して）

　日陰や影の位置を比較したり、日なたと日陰の様子を比較したりして、差異点や共通点を基に、問題の把握・設定を話し合う活動を行う。

④ 第1次における見方・考え方に基づいた予想される児童の反応例

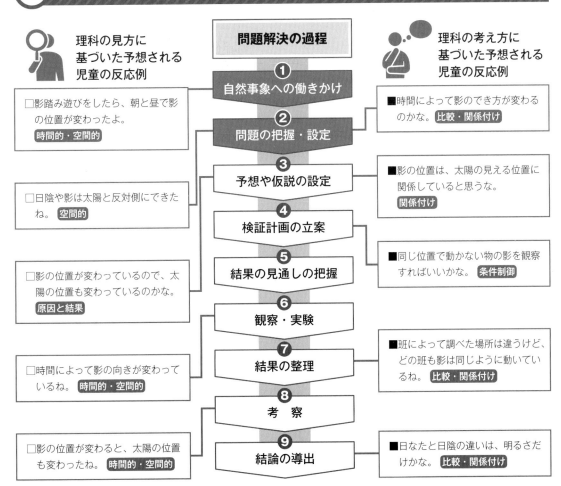

57

❺ 本時の授業の指導のポイント　第1次　2/6時

問題解決の過程	❶ 自然事象への働きかけ	❷ 問題の把握・設定	❸ 予想や仮説の設定	❹ 検証計画の立案

❶ 本時の展開

	学習活動
	□見方に基づいた児童の反応　・主な児童の反応 ■考え方に基づいた児童の反応　○学習活動
インプット（導入）	○影踏み遊びの体験から、気付いたことを話し合う。 □午後は、影の向きが違う方向になったよ。（時間的・空間的） □午後は、安全地帯の場所が変わったよ。（時間的・空間的） □午前に比べて、太陽の位置も変わったね。（時間的・空間的） ■太陽の後ろに影ができたけど、日陰ではできないな。（比較・関係付け） □みんな同じ向きに影ができていたね。（空間的）
アクティブ（展開）	○共通点から影のでき方について確認し、学級全体で共有する。 ○差異点に着目し、個人で問題を見いだす。 ■影の向きが変わったのは、太陽が関係しているからかな。（比較・関係付け） ■安全地帯の日陰と人の影は同じなのかな。（比較・関係付け） □一日で影の向きはどれぐらい変わるのだろう。（時間的・空間的） □影の位置が変わる大きさと、太陽の位置が変わる大きさは、同じだろうか。（時間的・空間的）
アウトプット（まとめ）	○思考ツールを使い、班で問題文を出し合う。 （付箋→ミニホワイトボード） ■みんなが考えた問題で、共通する言葉は何だろう。（比較） ○全体で問題文を作成する。 【問題】時間がたつと、影の位置はどのように変わっていくのだろうか。

❷ 本時の板書例

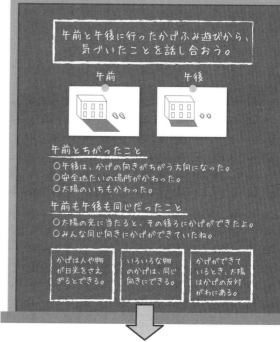

❸ 問題づくりのポイント①

事象との出会い

　午後に影踏み遊びを行うときは、1回目（午前）の活動で気が付いたこと（影の向き、太陽の位置 など）について、2回目（午後）と比較しながら活動するようにさせる。

 午前中の影踏み遊びのときと比べて、同じところや違うところはありましたか。

午前中に比べて、安全地帯の場所が変わっていたよ。

午前中と同じように、友達の影も鉄棒や木の影も、みんな同じ向きにできていたよ。

○影踏み遊びの共通体験から児童が見方や考え方を働かせ、問題を見いだす場面

⑤ 結果の見通しの把握 ▷ ⑥ 観察・実験 ▷ ⑦ 結果の整理 ▷ ⑧ 考　察 ▷ ⑨ 結論の導出

❹ 問題づくりのポイント②

グループで考えた問題

・かげはどのように動いていくのだろうか。
・かげのいちのかわり方を調べたい。
・時間がたつとかげの向きはどのように
　かわるのだろうか。
・時間がたつとかげはどのように
　動くのだろうか。
・一日でかげのいちは
　どれくらいかわるのだろうか。

問題

時間がたつと、かげのいちはどのように
かわっていくのだろうか。

どうしてそのように考えたのか、友達に理由を伝えましょう。共通する言葉や似ている考えをまとめ、グループでホワイトボードに問題をつくりましょう。

グループでの話し合い

みんなが考えた問題で、共通する言葉は何だろう。

影の位置について調べたいのは、みんな同じだね。「〜だろうか」の形の文章にしよう。

同じ言葉や似ているところはありますか。

全体での話し合い

「影の位置はどのように変わっていくのだろう」に「時間がたつと」を入れたらどうかな。

「向き」や「動く」は「位置」でまとめられるね。

\ここが/

Point!!

異なる時間帯の影の様子を比較することで、時間がたつと変わる現象と、時間がたっても変わらない現象に目を向けることができる。共通点を確認することで、差異点もさらに明確になり、変化する現象の要因は何か疑問をもち、問題を見いだしやすくなる。

疑問に思ったことから問題をつくりましょう。

❶午前と午後の影踏み遊びから、太陽と日陰や影の位置について気が付いたことを差異点・共通点の順番に出し合う。
❷差異点を基に生じた疑問から、個人で問題を見いだす（付箋に書く）。

\ここが/

Point!!

共通している言葉に着目しながら問題を整理し、何を確かめたいか確認しながら、学級の問題として1つにまとめていく話し合いができるようにする。

物質
空気と水の性質

Ⓐ 領域(1)　「根拠のある予想や仮説を発想する場面」で「見方・考え方」を働かせる授業づくり例

① この単元のねらい

　体積や圧し返す力の変化に着目して、それらと圧す力とを関係付けて、空気と水の性質を調べる活動を通して、それらについて理解を図り、観察、実験などに関する技能を身に付けるとともに、主に既習の内容や生活経験を基に、根拠のある予想や仮説を発想する力や主体的に問題解決しようとする態度を育成する。

② 指導計画（主な学習活動）〈全6時間〉

第1次　閉じ込めた空気　`3時間`

①閉じ込めた空気を圧したときの体積や手ごたえの変化〈3時間〉

●空気を袋に閉じ込め、圧してみて気付いたことを話し合う。

●加えた力の大きさと、空気の体積や手ごたえの関係を調べる。

●結果を整理し、話し合う。

第2次　閉じ込めた水　`3時間`

①閉じ込めた水に力を加えたときの体積の変化〈2時間〉

●加えた力の大きさと水の体積の関係を調べる。

●結果を整理し、話し合う。

②ものづくり〈1時間〉

●空気や水の性質を利用したおもちゃをつくる。

根拠のある予想や仮説を発想する場面では

② 問題の把握・設定　**③** 予想や仮説の設定

　「見方・考え方」を働かせるために、「予想や仮説の設定」の場面では、付箋紙やカードを使って児童一人一人が自ら考えたことを整理していく活動を行う。問題解決の過程の中で、児童に単に問題の答えを予想するように促してみても、問題と正対していなかったり、問題に対して妥当なものといえなかったりすることがある。そのためには、生活の経験を基にしたり、前時までの既習の内容を生かしたりすることが大事である。

　一人一人の根拠に基づいた予想や仮説をカードに書き、グループで交流し、全体でカードを黒板に分類・整理・集約して、見通しをもたせていきたい。

❸ 本単元で働かせる見方・考え方について

本単元で「見方・考え方」を働かせるには、「空気と水の性質について調べる活動」を十分に体験
させることがポイント

 見方（物を捉える視点：主として「質的・実体的」な視点で捉える）

　閉じ込めた空気や水に力を加える体験活動を行い、そのときの手ごたえや体積の変化に着
目させることで、質的・実体的な見方ができるようにする。

考え方（思考の枠組み：関係付けて調べる活動を通して）

　空気と水の性質を追究する中で、既習の内容や生活経験を基に、体積と圧す力を関係付け
るなどの考え方を働かせる活動を行う。

❹ 第2次における見方・考え方に基づいた予想される児童の反応例

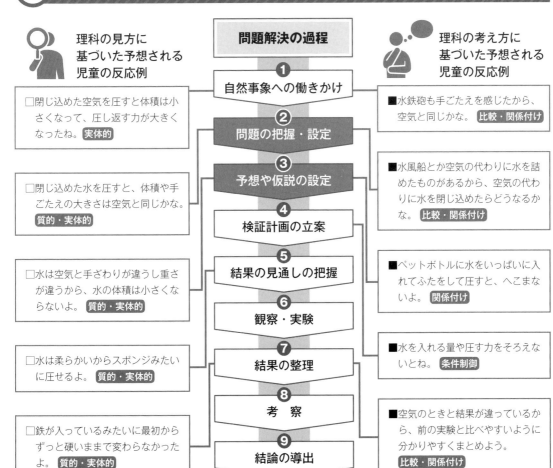

⑤ 本時の授業の指導のポイント　第2次　1/3時

| 問題解決の過程 | ❶ 自然事象への働きかけ | ❷ 問題の把握・設定 | ❸ 予想や仮説の設定 | ❹ 検証計画の立案 |

❶ 本時の展開

学　習　活　動
□見方に基づいた児童の反応　・主な児童の反応
■考え方に基づいた児童の反応　○学習活動

インプット（導入）

○前時の学習を確認する。
□閉じ込めた空気を圧すと体積は小さくなって、圧し返す力が大きくなったね。（実体的）
■閉じ込めたものが空気以外でも同じかな。（関係付け）
○問題を見いだす。

【問題】閉じ込めた水に力を加えると、水の体積はどうなるだろうか。

アクティブ（展開）

○根拠のある予想や仮説を発想する。
○個人で予想や仮説を考える。
■閉じ込めたものが空気以外のものでも同じかな。（関係付け）
□閉じ込めた水に力を加えると、空気のときと同じように体積は小さくなるな。（質的・実体的）
□水風船を圧すと水が動くのを感じるから、体積は小さくなるよ。（質的・実体的）
□空気を手でかくのと水中で水を手でかくのと、手ごたえが違うよ。（質的・実体的）
■水を圧すときは相当力がいるから、体積は小さくならないと思うよ。（比較・関係付け）
○予想をクラス全体で共有する。
○検証計画を立てる。
・それぞれ立てた予想や仮説を確かめるために、実験の計画を立てよう。
■空気のときと同じように注射器を使って調べればいいね。（比較・関係付け）

❷ 本時の板書例

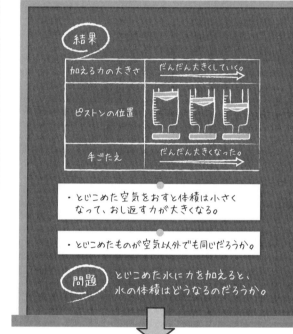

❸ 根拠のある予想や仮説を発想するポイント①

予想や仮説の発想

　これまでの学習内容を提示し、獲得した知識を基に予想や仮説を発想できるようにする。

 閉じ込めた空気に力を加えると体積は小さくなりました。水ではどうなるか予想しましょう。

空気と同じように体積は小さくなると思う。

水に力を加えるとき、空気と違って圧し返す力が強いから体積は小さくならないと思う。

○閉じ込めた空気に力を加えた活動から児童が見方や考え方を働かせ、問題を見いだし、予想や仮説を発想する場面

| ❺ 結果の見通しの把握 | ❻ 観察・実験 | ❼ 結果の整理 | ❽ 考　察 | ❾ 結論の導出 |

❹ 根拠のある予想や仮説を発想するポイント②

予想

○体積は小さくなる

とじこめた水に力を加えると、空気のときと同じように体積は小さくなる。

水風船をおすと、水が動くのを感じるから、体積は小さくなる。

○体積は変わらない

空気は力を加えると体積が小さくなったけれど、水は空気より体積は小さくならないだろう。

空気を手でかくのと水中で水を手でかくのと、手ごたえがちがう。

水をおすときは相当力がいるから、体積は小さくならない。

（一人一人が予想や仮説の理由を考えて、その後グループで予想や仮説とその理由を伝え合い、全体で共有する。）

 予想したことをノートに書いて、グループで話し合いましょう。

グループでの話し合い

空気と同じように水の体積も小さくなると考えたのは同じだね。

理由がそれぞれ違っていておもしろいね。

 同じ予想でもいろいろな理由がありますね。

全体での話し合い

体積は小さくなると思う。その理由は…。

体積は変わらないと思う。その理由は…。

どちらの予想も理由を聞くとなるほどと思うな。

\ここが/
Point!!
すぐに予想や仮説を発想させるのではなく、前時までの実験結果を提示して、関係付けて発想させることが大切である。

 自分の考えた予想や仮説と友達の考えたものを比べながら、発表し合いましょう。

❶既習の内容や生活経験から、自分の根拠ある予想や仮説を設定させる。
❷自分の立場を明確にし、児童どうしで予想や仮説を交流させる。
❸各自の予想や仮説を集約・分類し、全体で共有する。

\ここが/
Point!!
予想や仮説の根拠を発表し、学級全体で話し合うことで、自分の考えをより妥当なものにすることができるようにする。

4年 Ⓐ 物質・エネルギー Ⓑ 生命・地球

第**4**学年

物質
金属、水、空気と温度

Ⓐ 領域（2）

「根拠のある予想や仮説を発想する場面」で「見方・考え方」を働かせる
授業づくり例

① この単元のねらい

　体積や状態の変化、熱の伝わり方に着目して、それらと温度の変化とを関係付けて、金属、水及び空気の性質を調べる活動を通して、それらについての理解を図り、観察、実験などに関する技能を身に付けるとともに、主に既習の内容や生活経験を基に、根拠のある予想や仮説を発想する力や主体的に問題解決しようとする態度を育成する。

② 指導計画（主な学習活動）〈全 23 時間〉

第 1 次 金属、水、空気を温めたり、冷やしたりしたときの体積の変化 **7 時間**

①空気の温度と体積〈3 時間〉

②水の温度と体積〈2 時間〉

③金属の温度と体積〈2 時間〉

第 2 次 金属、水、空気の熱の伝わり方 **8 時間**

①金属の温まり方〈3 時間〉

●金属の熱したところと温まり方の関係を調べる。

②水と空気の温まり方〈5 時間〉

●水や空気の温まり方を金属の温まり方と比べながら調べる。

第 3 次　水の温度による変化 **8 時間**

①熱したときの水の様子〈4 時間〉

②冷やしたときの水の様子〈2 時間〉

③温度と水の姿〈2 時間〉

根拠のある予想や仮説を発想する場面では

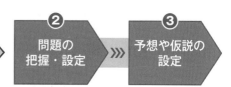

②問題の把握・設定　③予想や仮説の設定

　「見方・考え方」を働かせるために、「予想や仮説の設定」の場面で、付箋紙やカードを使って児童一人一人が自ら考えたことを整理していく活動を行う。問題解決の過程の中で、児童に単に問題の答えを予想するように促してみても、問題と正対していなかったり、問題に対して妥当なものといえなかったりすることがある。そのためには、生活の経験を基にしたり、前時までの既習の内容を生かしたりすることが大事である。

　一人一人の根拠に基づいた予想や仮説をカードに書き、グループで交流し、全体でカードを黒板に分類・整理・集約して、見通しをもたせていきたい。

❸ 本単元で働かせる見方・考え方について

本単元で「見方・考え方」を働かせるには、「金属、水及び空気の性質について調べる活動」を十分に体験させることがポイント

 見方（物を捉える視点：主として「質的・実体的」な視点で捉える）

　金属、水、空気を温めたり、冷やしたりする体験活動を行い、そのときの体積や状態の変化、熱の伝わり方に着目させることで、質的・実体的な見方ができるようにする。

 考え方（思考の枠組み：関係付けて調べる活動を通して）

　金属、水及び空気の性質について追究する中で、既習の内容や生活経験を基に、温度の変化と体積や状態の変化、熱の伝わり方を関係付けるなどの考え方を働かせる活動を行う。

❹ 第2次における見方・考え方に基づいた予想される児童の反応例

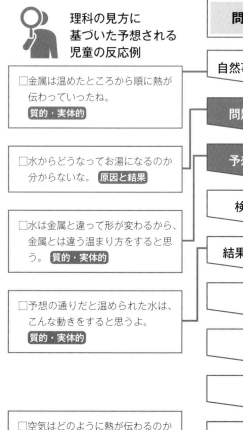

⑤ 本時の授業の指導のポイント 第2次 4/8時

問題解決の過程	❶ 自然事象への働きかけ	❷ 問題の把握・設定	❸ 予想や仮説の設定	❹ 検証計画の立案

❶ 本時の展開

学 習 活 動
□見方に基づいた児童の反応　・主な児童の反応
■考え方に基づいた児童の反応　○学習活動

インプット（導入）

○試験管に入れた水を熱してみる。

□金属は温めたところから順に熱が伝わっていったね。（質的・実体的）

■金属以外の物も同じように熱が伝わっていくのかな。（比較・関係付け）

○問題を見いだす。

【問題】水はどのように温まるのだろうか。

アクティブ（展開）

○根拠のある予想や仮説を発想する。

■なべでお湯を沸かしたときは、下からぐつぐつ泡が出てきたから、下から熱くなっていると思う。（関係付け）

■金属は温めたところから順に温まったから、水も同じじゃないかな。（比較・関係付け）

□水は金属と違って形が変わるから、きっと金属とは違う温まり方をすると思うな。（質的・実体的）

■水も金属と同じで、熱しているところがはじめに温まると思うよ。（比較・関係付け）

□熱せられたところから順に遠くへ温まっていくのではないようだ。（質的・実体的）

□温められた水が動いていくのかな。（質的・実体的）

○班で予想や仮説を話し合う。

○予想をクラス全体で共有する。

・それぞれ立てた予想や仮説を見比べて、次の時間は実験の計画を立てよう。

❷ 本時の板書例

試験管に入れた水を熱してみよう

・金ぞくは、あたためたところから順に熱が伝わっていった。

・金ぞく以外のものも、同じように熱が伝わっていくのだろうか。

・水からどのようにしてお湯になっていくのだろうか。

問題

水はどのようにあたたまるのだろうか。

❸ 根拠のある予想や仮説を発想するポイント①

予想や仮説の発想

これまでの学習内容を提示し、獲得した知識を基に予想や仮説を発想できるようにする。

金属は熱せられたところから順に遠くのほうへ温まっていきました。試験管に入れた水を熱したら、熱した場所によって温まり方が違いました。水の温まり方を予想しましょう。

金属と同じように順に温められると思う。

水は動いて温まっていくと思う。

○水を熱して、温まり方を調べる活動から児童が見方や考え方を働かせ、問題を見いだし、予想や
仮説を発想する場面

❺ 結果の見通しの把握 ＞ ❻ 観察・実験 ＞ ❼ 結果の整理 ＞ ❽ 考　察 ＞ ❾ 結論の導出 ＞

❹ 根拠のある予想や仮説を発想するポイント②

予想

・なべでお湯をわかしたときは、
　下からぐつぐつあわが出てきたから、
　下から熱くなっていると思う。

・金ぞくはあたためたところから順に
　あたたまったから、水も同じだと思う。

・水は金ぞくとちがって形が変わるから、
　金ぞくとはちがうあたたまり方をすると思う。

・水も金ぞくと同じで、熱しているところが
　はじめにあたたまると思う。

・熱せられたところから順に遠くへ
　あたたまっていくのではないと思う。

・あたためられた水が動いていくと思う。

(一人一人が予想や仮説の理由を考えて、その
後グループで予想や仮説とその理由を伝え合
い、全体で共有する。)

予想したことをノートに書いて、グルー
プで話し合いましょう。

グループでの話し合い

予想は同じだけど、理由が違っているね。

試験管の水の実験から考えると…。

同じ予想でもいろいろな理由があります
ね。

全体での話し合い

金属と同じ温まり方をすると思う。その
理由は…。

金属とは違う温まり方をすると思う。そ
の理由は…。

どの考えも納得できるな。

水は上のほうから温まっていくと思う。

\ここが/
Point!!
すぐに予想や仮説を発想させるのではな
く、関連する実験結果を提示して、関係
付けて発想させることが大切である。

❶既習の内容や生活経験から、自分の根
　拠のある予想や仮説を設定させる。
❷自分の立場を明確にし、児童同士で予
　想や仮説を交流させる。
❸各自の予想や仮説を集約・分類し、全
　体で共有する。

\ここが/
Point!!
予想や仮説の根拠を発表し、学級全体で話
し合うことで、自分の考えをより妥当なも
のにすることができるようにする。

第**4**学年

エネルギー
電流の働き

A 領域（3）

「根拠のある予想や仮説を発想する場面」で「見方・考え方」を働かせる授業づくり例

① この単元のねらい

　電流の大きさや向き、乾電池につないだ物の様子に着目して、それらを関係付けて、電流の働きを調べる活動を通して、それらについての理解を図り、観察、実験などに関する技能を身に付けるとともに、主に既習の内容や生活経験を基に、根拠のある予想や仮説を発想する力や主体的に問題解決しようとする態度を育成する。

② 指導計画（主な学習活動）〈全7時間〉

第1次　乾電池の働き　**3時間**

①乾電池とモーター〈1時間〉
②モーターの回る向き〈2時間〉

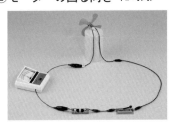

第2次　乾電池のつなぎ方　**4時間**

①乾電池のつなぎ方とモーターの回る速さや豆電球の明るさ〈2時間〉
　●電流を大きくする方法について予想し、2個の乾電池のつなぎ方を変えて、モーターの回る速さや豆電球の明るさを調べる。

②2個の乾電池をつないだときの電流の大きさ〈1時間〉
　●簡易検流計で、直列つなぎと並列つなぎのときの電流の大きさを調べる。

③ものづくり〈1時間〉
　●乾電池で動くおもちゃづくりを行う。

根拠のある予想や仮説を発想する場面では

② 問題の把握・設定 ≫≫ ③ 予想や仮説の設定

　「見方・考え方」を働かせ、「根拠のある予想や仮説を発想する」ためには、既習の内容や生活経験を生かすことが大事である。そのために、「自然事象への働きかけ」の場面で、十分に互いの気付きや考え、生活での経験を交流し、それらを豊かにしておくことが大切である。

　また、実際に予想や仮説を発想する場面では、個人で予想や仮説を発想するだけでなく、グループのメンバーと互いの考えを交流し、自分の発想した予想や仮説を振り返る時間を確保することで、児童はより根拠のある予想や仮説を発想することができる。その上で、学級全体で予想や仮説を共有してそれを集約し、類型化していくことが大切である。

③ 本単元で働かせる見方・考え方について

本単元で「見方・考え方」を働かせるには、「電流の働きについて調べる活動」を十分に体験させることがポイント

 見方（物を捉える視点：主として「量的・関係的」な視点で捉える）

　乾電池の数やつなぎ方を変えて豆電球の明るさやモーターの回り方を調べる体験活動を行い、電流の大きさや向きと乾電池につないだ物の様子に着目させることで、量的・関係的な見方ができるようにする。

考え方（思考の枠組み：関係付けて調べる活動を通して）

　電流の働きについて追究する中で、既習の内容や生活経験と乾電池につないだ物の様子とを関係付け、根拠のある予想や仮説を発想し、話し合う活動を行う。

④ 第2次における見方・考え方に基づいた予想される児童の反応例

理科の見方に基づいた予想される児童の反応例

□乾電池の数を増やしたら、モーターが速く回りそうだね。 量的・関係的

□乾電池の数を増やすとしたら、どのようにつなげればいいのかな。 量的・関係的

□モーターをもっと速く回してみたいな。 量的・関係的

□乾電池の数を増やせば、電気はたくさん流れるはずだ。 量的・関係的

□乾電池の数を増やしても、モーターや豆電球に流れる電気の量は変わらないと思う。 量的・関係的

□電流の大きさとつないだ物の変化は、簡易検流計で調べれば分かりやすいね。 定性と定量

問題解決の過程

① 自然事象への働きかけ
② 問題の把握・設定
③ 予想や仮説の設定
④ 検証計画の立案
⑤ 結果の見通しの把握
⑥ 観察・実験
⑦ 結果の整理
⑧ 考　察
⑨ 結論の導出

理科の考え方に基づいた予想される児童の反応例

■モーターが速く回ったり、豆電球が明るくついたりするときには、回路にたくさんの電気が流れているのかな。 関係付け

■乾電池1個よりもモーターを速く回すには、どうしたらいいかな。 比較・関係付け

■乾電池2個だと、1個の2倍の電気が流れるはずだから、モーターはより速く回りそうだな。 比較・関係付け

■電気をたくさん流すためには、2個の乾電池のつなぎ方が関わっていると思う。 比較・関係付け

■乾電池のつなぎ方をいろいろと変えて、比べてみれば分かるかな。 比較

⑤ 本時の授業の指導のポイント　第2次　1/4時

| 問題解決の過程 | ❶ 自然事象への働きかけ | ❷ 問題の把握・設定 | ❸ 予想や仮説の設定 | ❹ 検証計画の立案 |

❶ 本時の展開

学 習 活 動
□見方に基づいた児童の反応　・主な児童の反応
■考え方に基づいた児童の反応　○学習活動

インプット（導入）

○前時までに行った電流による物の動きの様子の変化から、新たに問題を見いだす。
□電流を大きくすれば、モーターは速く回るし、豆電球はより明るくなると思う。（量的・関係的）

【問題】モーターをもっと速く回したり、豆電球をより明るくしたりするには、どうしたらよいだろうか。

アクティブ（展開）

○根拠のある予想や仮説を発想する。
□乾電池の数を増やせば、電気はたくさん流れるはずだ。（量的・関係的）
■電気をたくさん流すためには、2個の乾電池のつなぎ方が関わっていると思う。（比較・関係付け）
○予想や仮説を児童同士で交流し、全体で共有する。
・どの友達も、乾電池の数を増やしたら、モーターや豆電球の様子が変化すると考えているんだな。
■乾電池のつなぎ方についても、考えている友達がいるんだな。（比較）
○予想や仮説を確かめるための方法を、同じ予想や仮説をもつ児童同士で考える。
・乾電池の数を増やしたときに、同じつなぎ方をしている友達と一緒に実験をしよう。
□前の実験で使った簡易検流計には、目盛りが付いていたね。（定性と定量）
○全体で解決方法を共有する。
・乾電池を2個用意してつなぎ方を変えても、同じかどうか実験してみよう。

❷ 本時の板書例

○さらに調べたいこと
モーターをもっと速く回したい。
豆電球をもっと明るく光らせたい。

問題　モーターをもっと速く回したり、豆電球をより明るくしたりするには、どうしたらよいだろうか。

予想

かん電池の数をふやせば、電気はたくさん流れる。《風やゴムのはたらき》
佐藤　香川　山口
中島

かん電池のつなぎ方によって、電気の量は変わる。《リモコンの電池》
堀田　山本　遠藤

❸ 根拠のある予想や仮説を発想するポイント①

予想や仮説の設定

　既習の内容や生活経験を想起させて、予想や仮説を発想させる。

 乾電池を2個に増やしたとき、モーターの回る様子や豆電球の光る様子はどうなるでしょうか。

乾電池を2個に増やすと、電流の大きさも2倍になるから、モーターは速く回り、豆電球もより明るく光ると思う。

乾電池のつなぎ方によって、モーターの回り方や、豆電球の明るさが変わるんじゃないかな。

○乾電池のつなぎ方を変えて調べる活動から児童が見方や考え方を働かせ、問題を見いだし、予想や仮説を発想する場面

⑤ 結果の見通しの把握 ＞ ⑥ 観察・実験 ＞ ⑦ 結果の整理 ＞ ⑧ 考　察 ＞ ⑨ 結論の導出

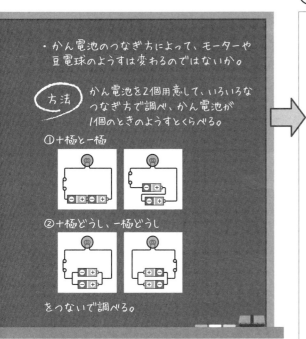

・かん電池のつなぎ方によって、モーターや豆電球のようすは変わるのではないか。

方法　かん電池を2個用意して、いろいろなつなぎ方で調べ、かん電池が1個のときのようすとくらべる。

①＋極と－極

②＋極どうし、－極どうし

をつないで調べる。

\ここが/
Point!!
既習の内容や生活経験を基に、乾電池のつなぎ方に着目させ自分の予想や仮説を設定させた上で、児童同士の予想や仮説を交流させることが大切である。

自分の考えた予想や仮説と友達の考えたものを比べながら、発表し合いましょう。

❶既習の内容や生活経験から、自分の根拠のある予想や仮説を設定させる。
❷自分の立場を明確にし、児童同士で予想や仮説を交流させる。
❸各自の予想や仮説を集約・分類し、全体で共有する。

❹ 根拠のある予想や仮説を発想するポイント②

同じ予想や仮説の友達とグループをつくって、自分たちの予想や仮説を確かめるための実験方法を話し合いましょう。

グループでの話し合い

乾電池の＋極と－極をつなぐ方法と、＋極同士、－極同士をつなぐ方法があるな。

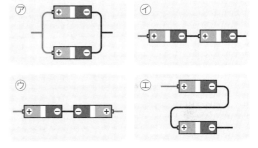
㋐　㋑　㋒　㋓

同じつなぎ方や似ているつなぎ方はありますか。

全体での話し合い

（上記㋐～㋓のイラストを見ながら）㋑と㋓は違うつなぎ方のように見えるけど、同じみたいだよ。

乾電池1個のときと比べれば分かるね。

\ここが/
Point!!
モーターの回る速さや豆電球の明るさが変化する要因（乾電池のつなぎ方）に着目しながら、話し合いができるようにする。

生命 人の体のつくりと運動

第4学年

B 領域(1) 「根拠のある予想や仮説を発想する場面」で「見方・考え方」を働かせる授業づくり例

① この単元のねらい

　骨や筋肉のつくりと働きに着目して、それらを関係付けて人や他の動物の体のつくりと運動との関わりを調べる活動を通して、それらについての理解を図り、観察、実験などに関する技能を身に付けるとともに、主に既習の内容や生活経験を基に、根拠のある予想や仮説を発想する力や生命を尊重する態度、主体的に問題解決しようとする態度を育成する。

② 指導計画（主な学習活動）〈全6時間〉

第1次　腕の骨のつくり 〈2時間〉

①腕相撲をしたときの様子〈1時間〉
●腕相撲をしたときの腕の様子や仕組みについて話し合い、問題を見いだす。腕の骨のつくりについて、根拠をもった予想を立てる。

②腕の骨のつくり〈1時間〉
●文献やインターネットなどを用いて、腕の骨のつくりについて調べる。

第2次　腕が動く仕組み 〈2時間〉

①腕が動く仕組み〈2時間〉
●腕が動く仕組みについて、筋肉のつくりと腕の動きの関係を調べる。

第3次　体全体の骨と筋肉 〈2時間〉

①体全体の骨と筋肉〈1時間〉
●体全体の骨と筋肉について調べたり、自分の体に触れて確かめたりする。

②身近な動物の骨と筋肉〈1時間〉
●身近な動物の骨と筋肉について調べる。

根拠のある予想や仮説を発想する場面では

②問題の把握・設定 ≫≫ ③予想や仮説の設定

　「見方・考え方」を働かせ、「根拠のある予想や仮説を発想する」ためには、既習の内容や生活経験を基に考えることが大切である。既習の内容は理科に限らず、他の教科の学習なども根拠の基にすることができる。また、体を動かした経験や博物館などで得た知識など生活経験からも根拠を示すことができる。しかし、生活経験は一人一人違うため、事象提示において、共通の体験をすることが必要となる場合がある。

　本単元では、腕相撲を事象提示し体験させることで、腕の中の様子や動きについて着目させ、根拠のある予想や仮説を発想する手がかりとしていく。

③ 本単元で働かせる見方・考え方について

本単元で「見方・考え方」を働かせるには、「人や他の動物の体のつくりと運動の関わりについて調べる活動」を十分に体験させることがポイント

🔍 見方（物を捉える視点：主として「共通性・多様性」の視点で捉える）

　腕相撲をしたり、荷物を持ったりするなどの活動を行い、「体の骨や関節のつくり」や「筋肉の動き」に着目させることで、それぞれの体の部位のつくりや動きの共通性・多様性の見方ができるようにする。

⚖ 考え方（思考の枠組み：関係付けて調べる活動を通して）

　人や他の動物について追究する中で、事象提示や既習の内容、生活経験などを基に、根拠のある予想や仮説を発想し、互いの考えを伝え合う活動を行う。

④ 第1次における見方・考え方に基づいた予想される児童の反応例

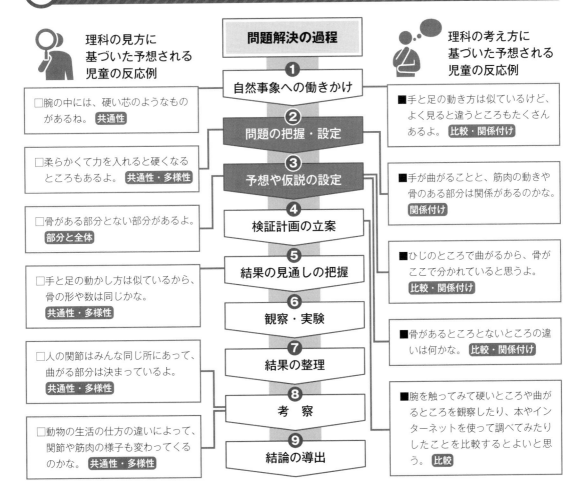

理科の見方に基づいた予想される児童の反応例	問題解決の過程	理科の考え方に基づいた予想される児童の反応例
	① 自然事象への働きかけ	
□腕の中には、硬い芯のようなものがあるね。 共通性		■手と足の動き方は似ているけど、よく見ると違うところもたくさんあるよ。 比較・関係付け
	② 問題の把握・設定	
□柔らかくて力を入れると硬くなるところもあるよ。 共通性・多様性	③ 予想や仮説の設定	■手が曲がることと、筋肉の動きや骨のある部分は関係があるのかな。 関係付け
□骨がある部分とない部分があるよ。 部分と全体	④ 検証計画の立案	
□手と足の動かし方は似ているから、骨の形や数は同じかな。 共通性・多様性	⑤ 結果の見通しの把握	■ひじのところで曲がるから、骨がここで分かれていると思うよ。 比較・関係付け
	⑥ 観察・実験	
	⑦ 結果の整理	■骨があるところとないところの違いは何かな。 比較・関係付け
□人の関節はみんな同じ所にあって、曲がる部分は決まっているよ。 共通性・多様性	⑧ 考察	
□動物の生活の仕方の違いによって、関節や筋肉の様子も変わってくるのかな。 共通性・多様性	⑨ 結論の導出	■腕を触ってみて硬いところや曲がるところを観察したり、本やインターネットを使って調べてみたりしたことを比較するとよいと思う。 比較

⑤ 本時の授業の指導のポイント　第1次　1/2時

| 問題解決の過程 | ❶ 自然事象への働きかけ | ❷ 問題の把握・設定 | ❸ 予想や仮説の設定 | ❹ 検証計画の立案 |

❶ 本時の展開

学 習 活 動
□見方に基づいた児童の反応　・主な児童の反応
■考え方に基づいた児童の反応　○学習活動

インプット（導入）

○腕相撲をしたり、腕に触れたりする活動を通して、腕のつくりについて着目し、問題を見いだす。

□腕の曲がるところは、みんな同じだね。（共通性・多様性）

□腕を触ると硬い部分と柔らかい部分があるよ。硬い部分は骨だね。（部分と全体）

■曲がるところの骨はどうなっているのだろう。（関係付け）

■筋肉はどのように動くのかな。体が動くことと関係があるのかな。（関係付け）

【問題】腕の骨や筋肉は、どのようなつくりになっていて、どのように動くのだろうか。

アクティブ（展開）

○根拠のある予想や仮説を発想し、伝え合う。

□体の曲がるところは、骨が分かれていないと折れてしまうから、腕の曲がるところも骨が分かれていると思う。（共通性・多様性）

□腕を触るとどの部分も硬いから、骨はつながっているのだと思う。（共通性・多様性）

□曲がるところも硬いから、骨だと思う。（共通性・多様性）

○どのように調べればよいかを考える。

・前に骨のレントゲン写真を撮ったから、骨の写真が本に出ていないかな。

・理科室に骨の模型があったよ。

■実際に自分の体を触った部分と、本に出ている骨を比べてみるといいね。（比較）

❷ 本時の板書例

うでずもうをしたり、うでをさわったりして、気づいたことを書きましょう。

○うでの曲がるところは、みんな同じ。
○うでをさわると、かたい部分とやわらかい部分がある。かたい部分はほね。
○ほねはどのようについているのか。曲がるところのほねはどうなっているのだろう。
○うでずもうをするときん肉がかたくなる。
○きん肉はどのように動くのか。体が動くことと関係があるのか。

（問題）
うでのほねは、どのようなつくりになっていて、どのように動くのだろうか。

うでのきん肉は、どのようなつくりになっていて、どのように動くのだろうか。

❸ 根拠のある予想や仮説を発想するポイント①

事象との出会い

腕相撲をしたり、腕を実際に触ったりする体験を通して問題を見いだしていく。その体験を根拠にした予想や仮説を発想できるようにしていく。

腕相撲をしたり、腕を触ったりして、気付いたことを書きましょう。

腕には曲がるところと曲がらないところがあるよ。

腕の曲がるところは、みんな同じだね。

○腕相撲や体を動かす体験から児童が見方や考え方を働かせ、問題を見いだし、根拠のある予想や仮説を発想する場面

| ⑤ 結果の見通しの把握 | ⑥ 観察・実験 | ⑦ 結果の整理 | ⑧ 考察 | ⑨ 結論の導出 |

❹ 根拠のある予想や仮説を発想するポイント②

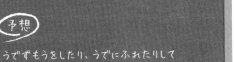

予想

うでずもうをしたり、うでにふれたりして
みたことから予想しましょう。

うでをさわるとどの部分も
かたいから、ほねは
つながっているのだと思う。

体の曲がるところは、
ほねが分かれていないと
折れてしまうから、うで
の曲がるところもほね
が分かれていると思う。

 腕相撲をしたり、腕に触れたりしてみた
ことから予想しましょう。

全体での話し合い

硬い芯のような部分が腕全体にあったか
ら、骨が全部つながっていると思う。

ひじのところで曲がるから、骨がここで
分かれているんじゃないかな。

ひじも硬いから骨だね。

普段は柔らかいのに力を入れると硬くな
るのは、骨と違うのかな。

イラストで描くとみんなの考えが分かり
やすいね。

同じ予想でも理由が違っているね。

 腕を触ると硬い部分と柔らかい部分が
あるよ。硬い部分は骨だね。ひじも硬
いから骨かな。

＼ここが／
Point!!

腕のつくりに着目することが大切である。
また、腕相撲を行うことで、腕を曲げた
ときの骨や筋肉の様子から気付いたこと
や生活経験を基に、根拠のある予想や仮
説を発想させていく。

❶問題を見いだした場面を振り返り、問
　題の確認をする。
❷既習の内容や生活経験と結び付けて、
　根拠を考えられるように促す。
❸個人で予想や仮説の理由として根拠を
　ノートに書くように指導する。

＼ここが／
Point!!

骨のつくりについてイラストで表すことで、
どのような予想を発想したのか分かりやす
くなり、共有しやすくなる。同じイラスト
(イメージ図) でも理由が違うことが多い
ので、言葉で説明したり記述したりするこ
とも大切である。また、腕に実際に触れて
みながら予想をすることで、根拠のある予
想を発想しやすくする。

第**4**学年

B 領域（2）

生命
季節と生物

「根拠のある予想や仮説を発想する場面」で「見方・考え方」を働かせる授業づくり例

① この単元のねらい

　動物を探したり植物を育てたりしながら、動物の活動や植物の成長の様子と季節の変化に着目して、それらを関係付けて、身近な動物の活動や植物の成長と環境との関わりを調べることを通して、それらについての理解を図り、観察、実験などに関する技能を身に付けるとともに、主に既習の内容や生活経験を基に、根拠のある予想や仮説を発想する力や生物を愛護する態度、主体的に問題解決しようとする態度を育成する。

② 指導計画（主な学習活動）〈全25時間〉

第1次　春の始まり 1時間

①春の始まりの様子の観察 〈1時間〉

第2次　春 7時間

① 1年間の観察 〈2時間〉
●春の始まりと春の比較を話し合い、変化したことを基に問題を見いだし予想する。

●予想したことを確かめるために計画を立てる。

②春の植物の生物の様子 〈5時間〉

第3次　夏 5時間

①夏の生物の様子 〈5時間〉

第4次　夏の終わり 2時間

①夏の終わりの生物の様子 〈2時間〉

第5次　秋 4時間

①秋の生物の様子 〈4時間〉

第6次　冬 6時間

①冬の生物の様子 〈3時間〉

② 1年間を振り返って 〈3時間〉

根拠のある予想や仮説を発想する場面では

② 問題の把握・設定 ＞＞＞ ③ 予想や仮説の設定

　この場面では、変化とそれに関わる要因を結び付けたり、既習の内容や生活経験を結び付けたりすることを意識し、指導することが大切である。

　そのために、「問題を見いだす場面」で、春の始めと春の観察を通して、変化の様子を話し合う活動を取り入れる。2回の観察から、植物や動物の成長についての共通性・多様性の見方、成長と気温の変化を結び付け、関係付ける考え方を働かせ、問題を見いだす。このような活動をへて問題を見いだすと、この観察を根拠にして予想や仮説を発想することができる。

　また学習が進んだ際には、継続して観察し記録したことを根拠にして、これから先の予想や仮説を考えることが大切である。

❸ 本単元で働かせる見方・考え方について

本単元で「見方・考え方」を働かせるには、「生物と環境の関わり、昆虫や植物の成長のきまりや体のつくりについて調べる活動」を十分に体験させることがポイント

見方（物を捉える視点：主として「共通性・多様性」の視点で捉える）

　動物の活動や植物の成長の様子を季節の変化との関わりについて着目させることで、主として共通性・多様性の見方ができるようにする。

考え方（思考の枠組み：関係付けて調べる活動を通して）

　動物の活動や植物の成長の様子と季節を比較したり関係付けたりして考え、根拠のある予想や仮説を話し合う活動を行う。

❹ 第2次における見方・考え方に基づいた予想される児童の反応例

理科の見方に基づいた予想される児童の反応例

問題解決の過程

理科の考え方に基づいた予想される児童の反応例

① 自然事象への働きかけ

□春の始めに観察したときより、サクラの葉は増えているね。花壇の植物も草丈が伸びているよ。 共通性・多様性

■前に観察したときより、ツルレイシの草丈が大きくなっているよ。 比較

② 問題の把握・設定

③ 予想や仮説の設定

□暖かくなると、どの植物も成長するみたいだな。 共通性・多様性

■サクラも花壇の植物も成長していることと、気温が高くなっていることは、関係しているのかな。 関係付け

④ 検証計画の立案

⑤ 結果の見通しの把握

□これまで育てた植物（アサガオ、ヒマワリ、ホウセンカ等）も夏になるとぐんぐん伸びたから、夏になると同じようにツルレイシの成長も早くなると思うよ。 共通性

■夏のほうが植物の成長が早かったから、植物の成長と気温には関係がありそうだよ。 関係付け

⑥ 観察・実験

⑦ 結果の整理

□これまで育てた植物もツルレイシやサクラも気温と成長が関係していると思う。 共通性

■「天気と気温」のときのように、生物の様子と気温の変化を折れ線グラフで表すと、関係が分かりやすいね。 関係付け

⑧ 考　察

⑨ 結論の導出

□サクラやツルレイシ以外も、気温と成長が関係しているのかな。 共通性・多様性

■気温が低くなると、生物の様子はどのように変わっていくのかな。 比較・関係付け

77

⑤ 本時の授業の指導のポイント① 第2次 1/7時

問題解決の過程	➊ 自然事象への働きかけ	➋ 問題の把握・設定	➌ 予想や仮説の設定	➍ 検証計画の立案

➊ 本時の展開

学 習 活 動

□見方に基づいた児童の反応　・主な児童の反応
■考え方に基づいた児童の反応　○学習活動

インプット（導入）

○春の始まりと春の植物や動物の変化を話し合う。

■春の始まりのときと比べて、サクラの葉の色が濃くなって、数も増えていたよ。（比較）

□サクラ以外の植物も草丈が伸びていたから、どちらも成長しているのかな。（共通性）

□植物だけではなく、動物も成長していたよ。（共通性）

○この先の変化を考え、問題を見いだす。

■これからもっと成長したり、動物の数や種類が増えたりすると思うよ。（比較）

■気温が高くなると、成長するのかな。（関係付け）

【問題】生物の様子は、季節によってどのように変わっていくのだろうか。

アクティブ（展開）

○気温が高くなっていったときの、サクラ・花壇の植物・動物の変化を予想する。

□この間の観察のときより今日は暖かくなっていたから、これからもっと気温が高くなると思うよ。（原因と結果）

■3年生のとき、5月や6月よりも7月のほうがヒマワリの草丈が伸びたから、気温が高くなるとたくさん成長するのかな。（関係付け）

■夏休みに虫取りをしたから、昆虫も暑いほうがたくさんいるのかな。（関係付け）

□サクラも、花壇の植物も、動物もみんな同じように変化していくのかな。（共通性・多様性）

➋ 本時の板書例

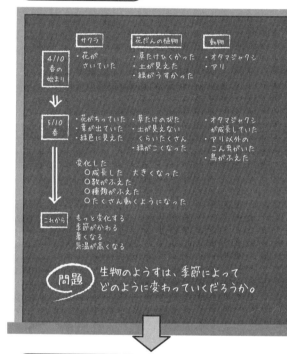

➌ 根拠のある予想や仮説を発想するポイント①

事象との出会い

　2回の観察をし、その変化を話し合うことを通して、気温や生物の変化に着目してこれからの様子を話し合う。

 これからどんなことが変化していくと思いますか。

4月の始めより今日のほうが、草丈が伸びて葉が増えていたから、もっと草丈が伸びて葉が増えると思うよ。

動物も、もっとたくさん見られるようになるかな。

○2回の観察を通して変化を話し合った経験から児童が見方や考え方を働かせ、問題を見いだし、予想や仮説を発想する場面

⑤ 結果の見通しの把握 ＞ ⑥ 観察・実験 ＞ ⑦ 結果の整理 ＞ ⑧ 考　察 ＞ ⑨ 結論の導出

❹ 根拠のある予想や仮説を発想するポイント②

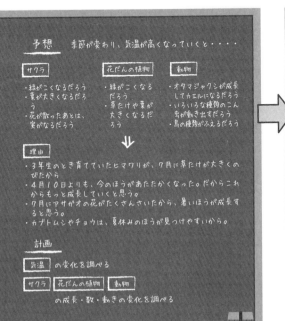

予想　季節が変わり、気温が高くなっていくと‥‥‥

サクラ	花だんの植物	動物
・緑がこくなるだろう ・葉が大きくなるだろう ・花が散ったあとは、実がなるだろう	・緑がこくなるだろう ・草たけや葉が大きくなるだろう	・オタマジャクシが成長してカエルになるだろう ・いろいろな種類のこん虫が動き出すだろう ・鳥の種類がふえるだろう

理由
・3年生のとき育てていたヒマワリが、7月に草たけが大きくのびたから
・4月10日よりも、今のほうがあたたかくなった。だからこれからもっと成長していくと思う。
・7月にアサガオの花がたくさんさいたから、暑いほうが成長すると思う。
・カブトムシやチョウは、夏休みのほうが見つけやすいから。

計画
気温 の変化を調べる
サクラ 花だんの植物 動物
の成長・数・動きの変化を調べる

\ここが/
Point!!
2回の観察を通して、気温の変化、生物の変化に着目させ、次にどのような変化があるか予想したことを基に、問題を見いだす。

これからどのようなことを確かめていきたいですか。その予想はどんなことですか。

❶事象との出会いで話し合ったことを基に、予想・仮説を考える。
❷第3学年までの学習を振り返ったこと、日常生活で経験したことをグループの話し合いで思い出す。
❸❷で話し合ったことを予想・仮説の根拠に書き加える。

予想の理由を考えましょう。そのために、3年生までに育てた植物や生き物のことをグループで話し合い、思い出しましょう。

💬💬💬 グループで考える

ヒマワリを育てね。7月に急に草丈が伸びて、花が咲いたね。

ホウセンカもダイズもオクラも花が咲いたのは、夏休み直前だったね。

暑くなったときに、大きく変化したんだね。

グループで話し合った経験を生かして、予想の理由にしましょう。

👤💬 個人の記録

気温が高くなると、植物は大きくなると思います。どの植物も夏休み前に一番成長したからです。

昆虫採集は夏休みにしたから、昆虫の数が増えるのは、気温が高くなったときだと考えました。

\ここが/
Point!!
2回の観察と、第3学年までの飼育・栽培経験をグループで思い出す話し合いをし、自分の予想・仮説の根拠にふさわしいものを選べるようにする。

4年
Ⓐ 物質・エネルギー
Ⓑ 生命・地球

⑤ 本時の授業の指導のポイント② 第4次 1/2時

| 問題解決の過程 | ➊ 自然事象への働きかけ | ➋ 問題の把握・設定 | ➌ 予想や仮説の設定 | ➍ 検証計画の立案 |

➊ 本時の展開

学 習 活 動

□見方に基づいた児童の反応　・主な児童の反応
■考え方に基づいた児童の反応　○学習活動

インプット（導入）

【問題】生物の様子は、季節によってどのように変わっていくのだろうか。

○夏の終わりのサクラと動物の様子を話し合う。

■気温が高い日が続いて、サクラの葉の色が濃くなって、数も増えていたよ。(関係付け)

■動物も前より数も種類も多かった。バッタは成虫になっていたよ。(比較)

□植物だけではなく、動物も成長していたね。(共通性・多様性)

アクティブ（展開）

○ツルレイシの様子を予想する。

■ツルレイシも気温が高い日が続いて、変化が大きいと思う。(関係付け)

■前と比べて葉が増えて、草丈が高くなっているよ。(比較)

○ツルレイシの観察計画を確認し、観察したことを記録する。

○この観察までに分かったことをまとめる。

□気温が高くなって、サクラもツルレイシも葉が増え、成長した。(共通性・多様性)

■ツルレイシは、気温が高い日が続いて、実が熟して種ができた。(関係付け)

アウトプット（まとめ）

○これからどのように変化していくか考え話し合う。

■気温が低くなると、高くなっていくときとは違う変化だと思う。(比較)

■去年も秋に枯れて種ができたから、気温が下がると植物は枯れると思う。(関係付け)

□どの植物も動物も気温が低くなると、同じように変わるのかな。(共通性・多様性)

➋ 本時の板書例

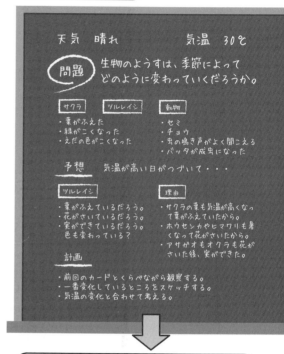

➌ 根拠のある予想や仮説を発想するポイント①

事象との出会い

　夏の終わりまでの気温の変化と生物の変化を話し合うことを通して、これからの気温や生物の変化に着目して、予想・仮説を考える。

 これからどんなことが変化していくと思いますか。

気温はどんどん下がっていくと思う。

これまではサクラもツルレイシも成長してきたけど、これからは実ができたり枯れたりするよ。

動物もだんだん少なくなってくるかな。

○春、夏、夏の終わりの観察を通して変化を話し合った経験から児童が見方や考え方を働かせ、問題を見いだし、予想や仮説を発想する場面

⑤ 結果の見通しの把握 ＞ ⑥ 観察・実験 ＞ ⑦ 結果の整理 ＞ ⑧ 考　察 ＞ ⑨ 結論の導出 ＞

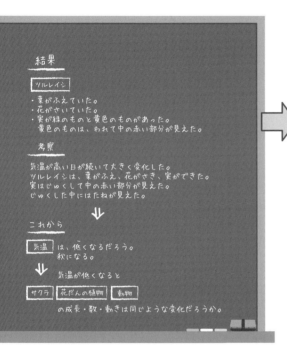

❹ 根拠のある予想や仮説を発想するポイント②

 気温が高くなっていったときの生物の変化を基に、予想の理由を考えましょう。そのために、これまでのことを話し合い、思い出しましょう。

グループで考える

ヒマワリは９月に実ができた後、枯れていったね。

ダイズやオクラも秋に実ができて枯れたよ。

バッタも寒くなったら卵を生んで、命をつないでいたね。

 グループで話し合った経験を生かして、予想の理由にしましょう。

個人の記録

だんだん気温が高くなると、成長のスピードが変わりました。下がると逆の変化をすると思います。

気温が低くなると、植物は枯れていくと思います。３年生のときに育てていたホウセンカは１０月に枯れたからです。

飼っていたカブトムシやバッタが秋に卵を生んで、命をつないでいました。土の中で卵や幼虫の状態で過ごすと思います。

\ここが/
Point!!
これまでの観察記録を基に、予想・仮説を考えるようにする。

\ここが/
Point!!
気温が高くなっていく季節のサクラ、ツルレイシ、動物の変化をこれまでの記録を基に整理する。その記録やこれまでの飼育・栽培経験を根拠にし、気温が低くなっていくときの様子を話し合う。

❶夏の終わりの観察の結果をまとめる。
❷気温が高くなったところまでの変化を整理する。
❸これから秋になっていく変化を考え、自分の考えを記述する。
❹これまでのまとめや経験を基に、理由を書き加える。

第**4**学年

地球
雨水の行方と地面の様子

B 領域 (3)　「根拠のある予想や仮説を発想する場面」で「見方・考え方」を働かせる授業づくり例

① この単元のねらい

　水の流れ方やしみ込み方に着目して、それらと地面の傾きや土の粒の大きさとを関係付けて、雨水の行方と地面の様子を調べる活動を通して、それらについての理解を図り、観察、実験などに関する技能を身に付けるとともに、主に既習の内容や生活経験を基に、根拠のある予想や仮説を発想する力や主体的に問題解決しようとする態度を育成する。

② 指導計画（主な学習活動）〈全 10 時間〉

第 1 次 流れる水の行方 〔3 時間〕

①雨水の行方 〈1 時間〉
●校庭や公園の濡れた地面の様子について話し合い、気付いたことを整理する。

②流れる水の行方 〈2 時間〉
●水がどのように流れていくのか予想し、地面の傾きと水の流れる方向の関係を調べる。

第 2 次 土の粒の大きさと水のしみ込み 〔3 時間〕

①土の粒の大きさとしみ込み方 〈3 時間〉
●水が地面にしみ込むのか予想し、土の粒の大きさと水のしみ込み方との関係を調べる。

第 3 次 空気中に出ていく水 〔2 時間〕

①空気中に出ていく水 〈2 時間〉
●水が空気中に出ていくのか予想し、水を入れた入れ物を使って調べる。

第 4 次 空気中に含まれる水 〔2 時間〕

①空気中に含まれる水 〈2 時間〉
●空気中に水蒸気がどこにでも含まれているのか予想し、保冷剤を使って比べながら調べる。

根拠のある予想や仮説を発想する場面では

❷ 問題の把握・設定　≫≫　❸ 予想や仮説の設定

　「見方・考え方」を働かせるためには、児童がどのような共通の経験をもっているのか、この授業に関係する学習内容にどのようなことがあったのかを振り返ることが重要となる。そうすることで、予想や仮説を設定する場面で、児童が働かせる見方・考え方が確かなものになる。

　学習のスタートとなる、自然事象への働きかけの場面で、「水たまりがあるから水はしみ込まない」「砂場には水たまりがない」等の、児童がつぶやいたり発言したりした言葉を拾い上げて整理して見えるようにしておくと、児童はこれを基にして予想や仮説を設定できるようになる。

❸ 本単元で働かせる見方・考え方について

本単元で「見方・考え方」を働かせるには、「雨水の行方と地面の様子について調べる活動」を十分に体験させることがポイント

 見方（物を捉える視点：主として「時間的・空間的」な視点で捉える）

　雨水の行方と地面の様子を観察する活動を通して、流れ方やしみ込み方に着目させることで、時間的・空間的な見方ができるようにする。

 考え方（思考の枠組み：関係付けて調べる活動を通して）

　流れ方やしみ込み方と地面の傾きや土の粒の大きさとを関係付けて予想や仮説を話し合い、調べる活動を行う。

❹ 第2次における見方・考え方に基づいた予想される児童の反応例

理科の見方に基づいた予想される児童の反応例

問題解決の過程

理科の考え方に基づいた予想される児童の反応例

❶ 自然事象への働きかけ

□雨が降ると、校庭のすみのほうに水たまりができるけど、砂場には水たまりができないね。 時間的・空間的

■水たまりができる場所とできない場所に決まりがあるのかな。 比較・関係付け

❷ 問題の把握・設定

❸ 予想や仮説の設定

□土の粒の大きさが、場所によって違うよ。 部分と全体

■砂場と校庭の土の違いが水たまりと関係があるのかな。 比較・関係付け

❹ 検証計画の立案

□水のしみ込み方は、土の粒の大きさが関係しているんだよ。 原因と結果

❺ 結果の見通しの把握

■校庭で水たまりができている場所と、できていない場所を比べて考えよう。 比較・関係付け

□土の粒が大きいとすき間ができているね。 空間的

❻ 観察・実験

■土をとってきた場所と関係付けて考えよう。 関係付け

□粒が小さい土では、水がしみ込むのに時間がかかり、粒が大きい土では、水がすぐにしみ込むはずだよ。 時間的・空間的

❼ 結果の整理

■見た目の粒の大きさはあまり変わらないけど、水のしみ込み方は大きく違うよ。 比較・関係付け

❽ 考察

□同じ校庭なのに土の粒の大きさが違うのはどうしてかな。 時間的・空間的

❾ 結論の導出

■土の粒の大きさと水のしみ込み方に関係があるよ。 関係付け

⑤ 本時の授業の指導のポイント　第2次　1/3時

問題解決の過程	❶ 自然事象への働きかけ	❷ 問題の把握・設定	❸ 予想や仮説の設定	❹ 検証計画の立案

❶ 本時の展開

学習活動
□見方に基づいた児童の反応　・主な児童の反応 ■考え方に基づいた児童の反応　○学習活動

インプット（導入）

○前時に見いだした問題を確認する。

【問題】雨水は地面にしみ込むのだろうか。

○児童が前時までに気付いたことを確認する。

□水たまりができた校庭のすみの土は、濡れるとヌルヌルしているよ。（空間的）

□水たまりができる場所はいつも同じだよ。（空間的）

□雨が降ると砂場も濡れるけど、水たまりはできないね。（時間的・空間的）

アクティブ（展開）

○根拠のある予想や仮説を発想する。

□砂場に水たまりができないのは、砂の中に入っていくからだと思うよ。（空間的）

□海の砂浜を掘ると海水が出てくるから、しみ込んでないよ。（空間的）

□水たまりも時間がたつとなくなるから、ゆっくりとしみ込んでいると思うな。（時間的・空間的）

□水たまりのあるところは土の粒が小さいから、すき間がないので水がしみ込むのに時間がかかると思うよ。（時間的・空間的）

■水たまりのある場所は泥みたいな土だから、砂と土の違いが関係しているのかな。（比較・関係付け）

■砂場と校庭の土をよく比べながら考えてみよう。（比較・関係付け）

○班で予想や仮説を話し合う。

○予想をクラス全体で共有する。

・次の時間は、それぞれ立てた予想や仮説を確かめるための実験計画を立てよう。

❷ 本時の板書例

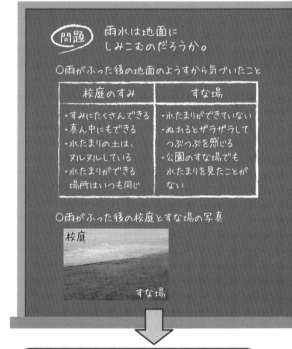

❸ 根拠のある予想や仮説を発想するポイント①

予想や仮説の発想

　前時までの児童の気付きを提示し、既習の内容や生活経験を基に予想や仮説を発想できるようにする。

 雨が降った後の地面の様子から雨水は地面にしみ込んでいくのかを予想しましょう。

水はしみ込む前に流れてしまうから、しみ込まないと思う。

校庭には、水たまりがある場所とない場所があるから、場所によって違うと思う。

○雨が降った後の地面の様子から児童が見方や考え方を働かせ、問題を見いだし、根拠のある予想や仮説を発想する場面

❺ 結果の見通しの把握 ▷ ❻ 観察・実験 ▷ ❼ 結果の整理 ▷ ❽ 考　察 ▷ ❾ 結論の導出 ▷

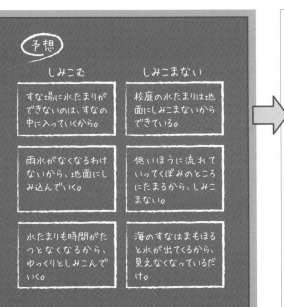

予想

しみこむ	しみこまない
すな場に水たまりができないのは、すなの中に入っていくから。	校庭の水たまりは地面にしみこまないからできている。
雨水がなくなるわけないから、地面にしみ込んでいく。	低いほうに流れていってくぼみのところにたまるから、しみこまない。
水たまりも時間がたつとなくなるから、ゆっくりとしみこんでいく。	海のすなはまをほると水が出てくるから、見えなくなっているだけ。

 砂場のように水たまりができないのは、しみ込んでいるからだと思う。

\ここが/
Point!!
すぐに予想や仮説を発想させるのではなく、関連する気付きを提示して、関係付けて発想させることが大切である。

❶学習した内容や生活経験から、自分の根拠のある予想や仮説を設定させる。
❷自分の立場を明確にし、児童同士で予想や仮説を交流させる。
❸各自の予想や仮説を集約・分類し、全体で共有する。

❹ 根拠のある予想や仮説を発想するポイント②

（あらかじめ個人で考え、その後、意見交換したり、根拠を基にして議論したりして、自分の考えをより妥当なものにする場を意図的に設けることが大切になる。）

 予想できたことをノートに書いて、グループで話し合いましょう。

👥 **グループでの話し合い**

予想は同じだけど、理由が違っているね。

確かに海の砂浜を掘ると水が出てくるから、砂場も表面に見えないだけなのかな。

 同じ予想でもいろいろな理由がありますね。

👥 **全体での話し合い**

しみ込むと思う。水の行き場所が他にはないよ。

しみ込まないと思う。水たまりが残っているからね。

砂場と校庭の土をよく比べながら調べてみたいな。

\ここが/
Point!!
予想や仮説の根拠を発表し、学級全体で話し合うことで、自分の考えをより妥当なものにすることができるようにする。

第**4**学年

地球
天気の様子

B 領域（4）　「根拠のある予想や仮説を発想する場面」で「見方・考え方」を働かせる授業づくり例

① この単元のねらい

　気温や水の行方に着目して、気温と天気の様子とを関係付けて、天気を調べる活動を通して、それらについての理解を図り、観察、実験などに関する技能を身に付けるとともに、主に既習の内容や生活経験を基に、根拠のある予想や仮説を発想する力や主体的に問題解決しようとする態度を育成する。

② 指導計画（主な学習活動）〈全7時間〉

第1次　天気と気温　　7時間

①天気と気温の関係〈2時間〉
● 晴れの日とくもりの日の登校時と昼休みの児童の様子が分かる写真を見比べ、気付いたことを話し合う。

● 天気による一日の気温の変わり方について、予想や仮説を立てる。

②一日の気温の変化〈3時間〉
● 一日の気温の調べ方の計画を立てる。

● 一日の気温の変わり方と天気を調べる。
（晴れの日、くもりの日、雨の日を計測する。）

③気温の変化と天気の関係〈2時間〉
● 観察した記録を折れ線グラフに表す。

● 天気によって、一日の気温の変わり方にどのような違いがあったかを話し合い、まとめる。

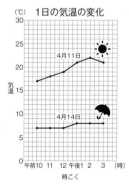

根拠のある予想や仮説を発想する場面では

②問題の把握・設定　≫≫　③予想や仮説の設定

　前時に写真を見比べ、生活経験と関係付けて考えたり、既習の内容と関係付けて考えたりして、「温かさ（気温）の違いが天気によるものではないか」と見方・考え方を働かせて問題づくりを行ったことを想起させる。

　根拠のある予想や仮説を発想するためには、自然の事物・現象の変化が「何によってもたらされているのか」考えざるを得ない状況をつくりだすことも大切である。比較しやすい事象の提示を行い、一日の気温の変化に関わる要因を考える状況をつくることで、「関係付け」の考え方を捉えさせる。予想や仮説はまず個人で立て、次にグループ、そして全体で多様な考えを共有し、相互理解を図りたい。

③ 本単元で働かせる見方・考え方について

本単元で「見方・考え方」を働かせるには、「天気と自然界の水の様子について調べる活動」を十分に体験させることがポイント

🔍 見方（物を捉える視点：主として「時間的・空間的」な視点で捉える）

　天気の様子や一日の気温の変化の仕方などを調べる体験活動を行い、天気の様子について時間的・空間的な見方ができるようにする。

🧑‍💭 考え方（思考の枠組み：関係付けて調べる活動を通して）

　一日の気温の変化と既習の内容や生活経験とを関係付けたり、その変化と要因（天気）とを関係付けたりして、根拠のある予想や仮説を発想し、話し合う活動を行う。

④ 第1次における見方・考え方に基づいた予想される児童の反応例

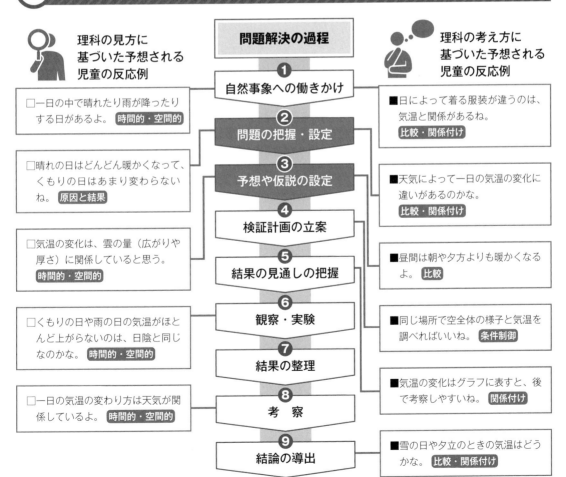

理科の見方に基づいた予想される児童の反応例

理科の考え方に基づいた予想される児童の反応例

問題解決の過程

① 自然事象への働きかけ

□一日の中で晴れたり雨が降ったりする日があるよ。 時間的・空間的

■日によって着る服装が違うのは、気温と関係があるね。 比較・関係付け

② 問題の把握・設定

③ 予想や仮説の設定

□晴れの日はどんどん暖かくなって、くもりの日はあまり変わらないね。 原因と結果

■天気によって一日の気温の変化に違いがあるのかな。 比較・関係付け

④ 検証計画の立案

⑤ 結果の見通しの把握

□気温の変化は、雲の量（広がりや厚さ）に関係していると思う。 時間的・空間的

■昼間は朝や夕方よりも暖かくなるよ。 比較

⑥ 観察・実験

□くもりの日や雨の日の気温がほとんど上がらないのは、日陰と同じなのかな。 時間的・空間的

■同じ場所で空全体の様子と気温を調べればいいね。 条件制御

⑦ 結果の整理

■気温の変化はグラフに表すと、後で考察しやすいね。 関係付け

⑧ 考察

□一日の気温の変わり方は天気が関係しているよ。 時間的・空間的

⑨ 結論の導出

■雪の日や夕立のときの気温はどうかな。 比較・関係付け

4年
Ⓐ 物質・エネルギー
Ⓑ 生命・地球

⑤ 本時の授業の指導のポイント　第1次　3/7時

| 問題解決の過程 | ❶ 自然事象への働きかけ | ❷ 問題の把握・設定 | ❸ 予想や仮説の設定 | ❹ 検証計画の立案 |

❶ 本時の展開

学 習 活 動

□見方に基づいた児童の反応 ・主な児童の反応
■考え方に基づいた児童の反応 ○学習活動

インプット（導入）

○前時を振り返り、暖かさや暑さ（気温）の違いが天気と関係していると思考し、問題を見いだしたことを確認する。

・晴れの日は、お昼になると暑くて半袖で遊んでいる人がいたよね。

・くもりの日は、汗をかいている人は少なくて、涼しそうだったよね。

【問題】天気によって、一日の気温の変化にどのような違いがあるのだろうか。

アクティブ（展開）

○根拠のある予想や仮説を発想する。

□昼間は太陽が高く昇っているから、気温が高くなると思う。（時間的・空間的）

□くもりの日は、太陽が出ていないから、あまり変わらないと思う。（空間的）

■晴れの日もくもりの日も、昼間は、朝や夕方よりも暖かく感じるから、昼だけ気温が高くなると思う。（比較）

□同じ日でも、時間によって気温が違うと思う。（時間的）

○思考ツールを使い、同じ予想や仮説を立てた児童同士でグループになり、模造紙に根拠を出し合う。

■3年生のときに、日なたと日陰の地面の気温を測ったときのことを思い出して考えたよ。（関係付け）

■上着を着て登校したけど、暑くて脱いだことがあるよ。だから、昼に気温が上がると思う。（関係付け）

○全体で見合い、多様な考えを共有する。

❷ 本時の板書例

晴れ　　　　くもり

○ちがうところ
半そで・長そで　　暑そう・すずしそう
⇒天気　太陽　日ざし　雲

問題　天気によって、1日の
気温の変化にどのような
ちがいがあるのだろうか。

予想

○晴れの日は、昼に気温が高くなると思う。
　くもりの日は、1日中変わらないと思う。
○晴れの日もくもりの日も、どちらも
　昼は高くなると思う。

❸ 根拠のある予想や仮説を発想するポイント①

学習問題の確認

　気温の違いが天気の様子と関係しているのではないかと思考し、問題を見いだしたことを想起させる。

 天気によって、一日の中でも気温の変化があるのではないかと考えましたね。

 晴れの日は、お昼になると暑くて半袖で遊んでいる人がいたよね。

 くもりの日は、一日中、汗をかいている人は少なくて、涼しそうだったよね。

○晴れの日とくもりの日の気温が違う経験から児童が見方や考え方を働かせ、問題を見いだし、
　根拠のある予想や仮説を発想する場面

⑤ 結果の見通しの把握 ＞ ⑥ 観察・実験 ＞ ⑦ 結果の整理 ＞ ⑧ 考察 ＞ ⑨ 結論の導出

④ 根拠のある予想や仮説を発想するポイント②

 同じ仮説や予想を立てた友達同士で集まり、根拠を伝え合いましょう。

 ３年生のときに、日なたと日陰の地面の気温を測ったときのことを思い出して考えたよ。

 この前、上着を着て登校したけど、暑くて脱いだことがあるよ。だから、昼に気温が上がると思うな。

グループでの共有

○晴れの日は、太陽が出ているから、気温も上がると思う。
○くもりの日は、太陽が出ていないから、気温は変わらないと思う。

全体での共有

理由	理由
太陽が…	太陽が…
予想	**予想**
晴れの日は、…	晴れの日も、…
くもりの日は、…	くもりの日も、…
経験から…	経験から…
習ったことから…	習ったことから…

＼ここが／
Point!!
同じ予想や仮説でも、根拠となるものが違うことや多様な考えがあることに気付かせ、価値付け、称賛することで見方・考え方を自ら働かせることができるようにしていく。

理由

日なたの地面をはかったとき、朝より昼のほうが高くなったから。

昼休みに暑くて半そでになったことがあるから。

太陽が当たらない日かげの地面をはかったとき、朝も昼も変わらなかったから。

＼ここが／
Point!!
「様々な予想や仮説」ではなく、「様々な根拠」が出るように、前時の学習（事象提示や生活経験・既習の内容から考えたこと）を想起させることが大切である。

 学習したことやこれまでの経験と結び付けて、予想や仮説の理由を書きましょう。

❶問題を見いだした場面を振り返り、問題の確認をする。
❷既習の内容や生活経験と結び付けて、根拠を考えられるように促す。
❸個人でノートに記述する。「予想や仮説→なぜなら、〜」で根拠を書くように指導する。

第4学年

地球
月と星

「根拠のある予想や仮説を発想する場面」で「見方・考え方」を働かせる授業づくり例

① この単元のねらい

月や星の位置の変化や時間の経過に着目して，それらを関係付けて，月や星の特徴を調べる活動を通して，それらについての理解を図り，観察，実験などに関する技能を身に付けるとともに，主に既習の内容や生活経験を基に，根拠のある予想や仮説を発想する力や主体的に問題解決しようとする態度を育成する。

② 指導計画（主な学習活動）〈全13時間〉

第1次 星の明るさと色 3時間

①おりひめ星とひこ星 〈1時間〉

②星の明るさや色 〈2時間〉

第2次 月と星の位置の変化 8時間

①半月の位置の変化 〈1時間〉
- ●建物と月の写真から、問題を見いだす。

②半月の位置の変化 〈2時間〉
- ●月を同じ場所で時間を変えて2回観察し、位置の変化をまとめる。

③満月の位置の変化 〈2時間〉
- ●満月を夜間に同じ場所で時間を変えて2回観察し、変化をまとめる。

④星の位置の変化 〈1時間〉
- ●月の位置の変化から、はくちょう座の位置の変化に関する問題を見いだす。

⑤星の位置の変化 〈2時間〉
- ●はくちょう座を夜間に同じ場所で時間を変えて2回観察し、変化をまとめる。
- ●月や星の位置の変化について、まとめる。

第3次 冬の星 2時間

①オリオン座の位置と変化 〈2時間〉

根拠のある予想や仮説を発想する場面では

② 問題の把握・設定 ≫≫≫ ③ 予想や仮説の設定

月の写真を提示し、自然の美しさや不思議さを味わわせ、学習の動機付けをする。また、月の形や動きに着目させ、学習問題を見いだしていく。

「見方・考え方」を働かせて「予想や仮説を設定」する場面では、第3学年で学習した太陽の位置の変化を思い出させることが必要である。時間的・空間的な見方ができるように、第3学年の学習で方位磁針を使って方角で表していたことを基に、木や建物を目印にしたり方位磁針を用いたりして、再度方位を確認する体験を行い、時間とともに変化する月の見える位置を根拠のある予想にさせ、表現することができるようにすることが大切である。

③ 本単元で働かせる見方・考え方について

本単元で「見方・考え方」を働かせるには、「月や星の特徴について調べる活動」を十分に体験させることがポイント

 見方（物を捉える視点：主として「時間的・空間的」な視点で捉える）

　昼間に見える月を観察する活動を行い、「月の位置の変化や時間の経過」に着目させることで、時間的・空間的な見方ができるようにする。

考え方（思考の枠組み：関係付けて調べる活動を通して）

　月や星の特徴について追究する中で、時間の経過と位置の変化を関係付けて、根拠のある予想や仮説を発想し、話し合う活動を行う。

④ 第2次における見方・考え方に基づいた予想される児童の反応例

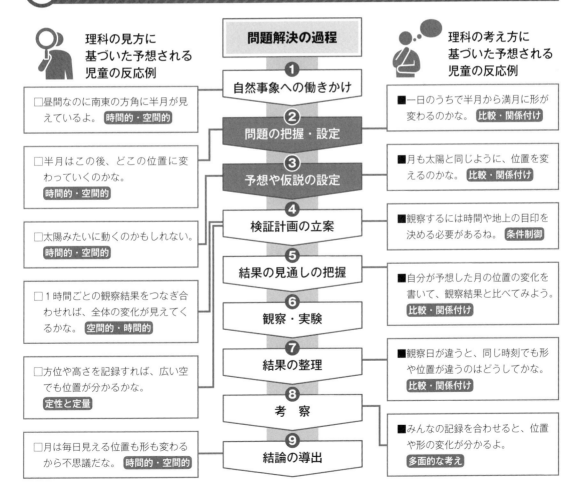

❺ 本時の授業の指導のポイント 第2次 2/8時

| 問題解決の過程 | ❶ 自然事象への働きかけ | ❷ 問題の把握・設定 | ❸ 予想や仮説の設定 | ❹ 検証計画の立案 |

❶ 本時の展開

学 習 活 動
□見方に基づいた児童の反応 ・主な児童の反応
■考え方に基づいた児童の反応 ○学習活動

インプット（導入）

○前時でつくった問題を確認する。

【問題】時間がたつと、半月の位置はどのように変わるのだろうか。

アクティブ（展開）

○今まで半月を見た経験を発表し合う。
□朝、東に月があったね。（時間的・空間的）
□夕方は南のほうだった。（時間的・空間的）
□夜は、たぶん西の空かも。（時間的・空間的）
○第3学年で学習したことを話し合う。
・太陽の学習をしたね。
・太陽は東から昇り南を通って西に沈んだよ。
○根拠のある予想や仮説を発想する。
■時間がたつと位置を変えると思う。太陽も時間がたつと動くから。（比較・関係付け）
□太陽と同じように月も見える方位と高さが変わると思う。（時間的・空間的）
■月も東、南、西に見えるから同じ動きをしているのかな。（比較・関係付け）
□月は三日月、半月、満月と形が変わるから、太陽とは違った動きをすると思うな。（時間的・空間的）
○観察する方法を話し合い、計画を立てる。
□月がどの空に見えるか調べたいから、方位磁針がいるね。（定性と定量）
■時間や場所、地上の目印を決める必要があるね。（条件制御）

❷ 本時の板書例

時間がたつと、半月の位置はどのように変わるのだろうか。

○半月を見た場所や時刻
・朝、校しゃの上＝東
・夕方、空の上のほう
・夜、西の空

○3年で学習したこと
・ぼうを立て、かげを1時間ごとに観察
・かげの動きから太陽は東→南→西

予想
・月はどこかに動いた（理）消えないから
・位置を変える（理）太陽と同じ空にあるから
・東→南→西（理）太陽と同じになるから
・高さも変わる（理）太陽も変わったから

❸ 根拠のある予想や仮説を発想するポイント①

予想や仮説の発想につながる場面

半月を見た生活経験や、第3学年の太陽の既習の内容を思い出させる。

 半月を見たことある人は、いつ頃どの方角で見たか教えて下さい。

午前中、校舎の上（東のほう）で見たよ。

夕方に見たよ。空の真上（南のほう）だったよ。

夜に見たときは、西の空だったよ。

○月と建物の写真や月を見た経験から児童が見方や考え方を働かせ、問題を見いだし、予想や仮説を発想する場面

❺ 結果の見通しの把握	❻ 観察・実験	❼ 結果の整理	❽ 考 察	❾ 結論の導出

❹ 根拠のある予想や仮説を発想するポイント②

 半月はどのように位置を変えるのか、予想とその理由を書きましょう。

方法（黒板）

・星ざ早見→月がない ✕
・方位じしん→どこの空か調べられる。◎
・月の高さ→分度器 △
　こぶしで調べる。○
・場所を決めて観察する。◎
・何回か調べれば動きがわかる。◎

・午後2時ごろ、月の形や見える方位、高さを調べる。

・午後2時ごろ、月の形や見える方位、高さを同じ場所で調べる。

・家に帰ってから午後6時ごろと午後7時ごろも同じように調べる。

 個人での取り組み

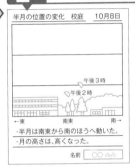
半月の位置の変化　校庭　10月8日
午後3時
午後2時
←東　　南東　　　南
・半月は南東から南のほうへ動いた。
・月の高さは、高くなった。
名前　○○ △△

 月は東のほうから南の空を通って、西のほうへ位置を変えると思う。なぜかというと、太陽が東のほうから南の空を通って、西のほうへ位置を変えたからです。

半月をどのように観察すればいいか、みんなで考えましょう。

学級での話し合い

3年の太陽の観察の方法
・観察場所を班ごとに決める。
・方位磁針を使って方位を調べる。
・午前10時、正午、午後2時に太陽の位置に印を付ける。

 太陽と同じように、同じ場所で時間を変えて観察しよう。

\ここが/
Point!!
既習の内容と生活経験は予想の根拠となる事実である。その2つを想起するときに、半月がどこの空に見えたか方位とおおよその時刻を整理することで、時間的・空間的な視点で捉える見方を学級で共有することができる。

 学習したことやこれまでの経験と結び付けて、予想や仮説の理由を書きましょう。

❶半月を見た生活経験を思い出させる。
❷いつ、どこの空に見えたのか、方位と時刻で整理する。
❸第3学年の既習の内容を思い出させる。
❹個人でノートに予想と理由も書くように指導する。

\ここが/
Point!!
予想の中に必ず空間を示す「方位」や「高さ」という言葉を入れて考えさせ、根拠となる既習の内容や生活経験を入れさせることが大切である。既習の内容から観察方法を考え、見通しをもたせることができる。

第**5**学年

物質
物の溶け方

Ⓐ 領域 (1)

「予想や仮説を基に、解決の方法を発想する場面」で「見方・考え方」を
働かせる授業づくり例

① この単元のねらい

　物の溶け方について、溶ける量や様子に着目して、水の温度や量などの条件を制御しながら調べる
活動を通して、それらについての理解を図り、観察、実験などに関する技能を身に付けるとともに、
主に予想や仮説を基に、解決の方法を発想する力や主体的に問題解決しようとする態度を育成する。

② 指導計画（主な学習活動）〈全 12 時間〉

第 1 次 水に溶けた物と
水を合わせた重さ 〈5 時間〉

①物の溶け方と重さ〈3 時間〉

②溶けた量と水の重さ〈2 時間〉

第 2 次 溶ける量の限界 〈2 時間〉

①物が水に溶ける量〈2 時間〉

第 3 次 水の量や温度に
よる物が溶ける量 〈3 時間〉

①水の量による物の溶ける量の変化〈1 時間〉

②水の温度による物の溶ける量の変化とま
とめ〈2 時間〉

第 4 次 溶けている物の
取り出し方 〈2 時間〉

①ミョウバンの析出の観察〈2 時間〉
 ●前時に行った温度変化により溶けたミョウバ
　ンが、温度が下がり析出した様子を観察して
　問題を見いだす。
 ●溶けた物を取り出す実験方法を考える。
 ●溶けたミョウバンや食塩が温度を冷やしたり、
　水を蒸発させたりすることで、取り出せるか
　調べる。
 ●2 つの実験から考察し結論を導出する。

解決の方法を発想する場面では

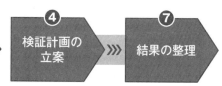

④ 検証計画の
立案 ≫≫ ⑦ 結果の整理

　「見方・考え方」を働かせ、「検証計画の
立案」をするには、自分の予想や仮説を確
かめるための解決方法であることを意識さ
せる。本時では、水の温度変化や水の量に
よって、食塩やミョウバンの溶け方の性質
の違いに着目した質的な見方や、見えなく
ても食塩やミョウバンは、水の中に存在し
ているという実体的な見方を予想や仮説を
設定する場面で働かせている。

　解決方法の発想で大切な考え方は、「条
件制御」である。「温度の変化や水の量と
溶ける量の違い」を調べた際の既習の実験
方法と関係付けながら、水の温度や水の量
という条件を変化させることを考えていく。
一人一人が解決方法の考えをノートを書い
た後、グループで話し合って解決方法を発
想させていく。

③ 本単元で働かせる見方・考え方について

本単元で「見方・考え方」を働かせるには、「物の溶け方の規則性について調べる活動」を十分に
体験させることがポイント

🔍 見方（物を捉える視点：主として「質的・実体的」な視点で捉える）

　物が水に溶ける体験活動を行い、水に溶ける量や様子に着目させることで、言語活動として
解決の方法を発想させる。また、水の温度や量などの条件を制御させることで、質的・実体的
な見方ができるようにする。

🤔 考え方（思考の枠組み：条件を制御しながら調べる活動を通して）

　物の溶け方について追究する中で、物の溶け方の規則性についての予想や仮説を基に条件を
考え、解決の方法を発想し、話し合う活動を行う。

④ 第4次における見方・考え方に基づいた予想される児童の反応例

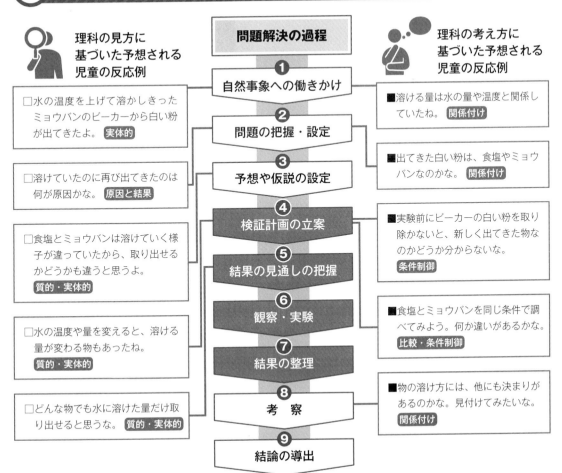

理科の見方に基づいた予想される児童の反応例

□水の温度を上げて溶かしきった
　ミョウバンのビーカーから白い粉
　が出てきたよ。 実体的

□溶けていたのに再び出てきたのは
　何が原因かな。 原因と結果

□食塩とミョウバンは溶けていく様
　子が違っていたから、取り出せる
　かどうかも違うと思うよ。
　質的・実体的

□水の温度や量を変えると、溶ける
　量が変わる物もあったね。
　質的・実体的

□どんな物でも水に溶けた量だけ取
　り出せると思うな。 質的・実体的

問題解決の過程

① 自然事象への働きかけ
② 問題の把握・設定
③ 予想や仮説の設定
④ 検証計画の立案
⑤ 結果の見通しの把握
⑥ 観察・実験
⑦ 結果の整理
⑧ 考察
⑨ 結論の導出

理科の考え方に基づいた予想される児童の反応例

■溶ける量は水の量や温度と関係し
　ていたね。 関係付け

■出てきた白い粉は、食塩やミョウ
　バンなのかな。 関係付け

■実験前にビーカーの白い粉を取り
　除かないと、新しく出てきた物な
　のかどうか分からないな。
　条件制御

■食塩とミョウバンを同じ条件で調
　べてみよう。何か違いがあるかな。
　比較・条件制御

■物の溶け方には、他にも決まりが
　あるのかな。見付けてみたいな。
　関係付け

5年 Ⓐ 物質・エネルギー Ⓑ 生命・地球

⑤ 本時の授業の指導のポイント 第4次 1/2時

| 問題解決の過程 | ① 自然事象への働きかけ | ② 問題の把握・設定 | ③ 予想や仮説の設定 | ④ 検証計画の立案 |

① 本時の展開

学 習 活 動
□見方に基づいた児童の反応　・主な児童の反応
■考え方に基づいた児童の反応　○学習活動

インプット（導入）

○前時に行った温度変化により、溶けたミョウバンが温度が下がり析出した様子を観察して、問題を見いだす。

□この白い粉は溶けていたミョウバンかな。（質的・実体的）

【問題】水溶液に溶けている食塩やミョウバンは取り出すことができるだろうか。

アクティブ（展開）

○根拠のある予想や仮説を発想する。

□水に存在していることが分かったから、取り出せると思うよ。（質的・実体的）

□食塩とミョウバンは溶けていく様子が違っていたから、取り出せるかどうかも違うと思うよ。（質的・実体的）

○予想や仮説を基に、検証計画を立案する。

■ミョウバンは水の温度を上げるとたくさん溶けたから、下げるとどうなるかな。（関係付け）

■水の量を増やすとたくさん溶けたから、水の量を減らしてみよう。（比較・関係付け）

■水の量と溶かす量をしっかり量って実験しよう。（条件制御）

■食塩とミョウバンを同じ条件で調べてみよう。何か違いがあるかな。（比較・条件制御）

○班で検証計画を話し合う。

アウトプット（まとめ）

○学級で班ごとの検証計画を共有し、交流する。

・実験可能か安全か、適切な器具かどうかについて考えてみよう。

○検証計画を確認する。

② 本時の板書例

温度変化によりとけたミョウバンが、温度が下がり出てきた様子を観察して問題を見いだそう。

 問題 　水よう液にとけている食塩やミョウバンは取り出すことができるだろうか。

仮説
・食塩やミョウバン両方とも取り出せると思う。
・食塩は取り出せない。
・ミョウバンは取り出せない。

仮説にもとづいて実験方法を考えよう

解決方法の条件（個人で考えた）
・水の量を変える　………
・温度を変化させる　………

③ 検証計画を立案するポイント①

予想や仮説の確認と、その根拠を確認し条件を考えていく

 仮説とその根拠は何かな。

食塩は取り出せないと思います。温度が下がっても出てきませんでした。

食塩もミョウバンも両方取り出せると思います。水の量を変えると両方溶ける量も増えたからです。

 どんな条件を考えて解決方法を考えればよいかな。

水の温度と水の量を考えます。

○水に溶けた物（食塩やミョウバン）が温度変化により析出した事象から児童が見方や考え方を働かせ、検証計画を立案する場面

❺ 結果の見通しの把握 ▷ ❻ 観察・実験 ▷ ❼ 結果の整理 ▷ ❽ 考　察 ▷ ❾ 結論の導出

❹ 検証計画を立案するポイント②

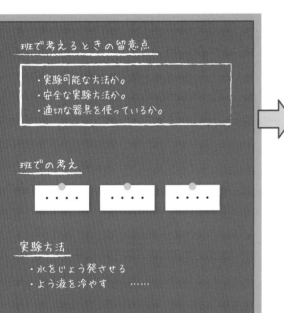

班で考えるときの留意点

・実験可能な方法か。
・安全な実験方法か。
・適切な器具を使っているか。

班での考え

・・・・　・・・・　・・・・

実験方法

・水をじょう発させる
・よう液を冷やす　……

実験可能な方法か、安全な実験方法か、適切な器具を使っているか、グループで実験方法を話し合ってホワイトボード（画用紙）に書きましょう。

💬 グループでの話し合い

食塩やミョウバンが溶けた水溶液でも同じように条件を変え、正確な実験にしたいね。

水の量や温度を変えるには、どの方法が一番いいかな。

条件がそろっていて、安全な実験を考えよう。

💬 全体での話し合い

実験前にビーカーの中にある白い粉を取り除きたいな。

（凝結乾固については既習の内容ではないため、教師から方法を助言したり、ろ紙や蒸発皿等の未使用な器具は指導する。）

\ここが/
Point!!

既習の内容や何が原因（条件）で溶ける量が変わったか、児童の発言から解決方法の条件を話し合わせる。
（例：水溶液の温度、水の量 など）

仮説を確かめるための条件と、どんな器具を使えばよいか考えてみよう。

❶実験方法を書けていない児童には、変える条件と変えない条件について助言する。
❷実験方法を発表し、条件について話し合わせ、正確な実験方法か考えさせる。
❸器具については、蒸発皿など今まで使用していない器具を教師が紹介する。

\ここが/
Point!!
食塩やミョウバンの水に溶ける性質や、既習の内容から解決方法の条件を考えるとともに、自分の仮説を確かめるための解決方法を発想できるようにする。

5年

Ⓐ 物質・エネルギー

Ⓑ 生命・地球

第5学年

エネルギー
振り子の運動

A 領域 (2)

「予想や仮説を基に、解決の方法を発想する場面」で「見方・考え方」を働かせる授業づくり例

① この単元のねらい

　振り子の1往復する時間に着目して、おもりの重さや振り子の長さなどの条件を制御しながら、振り子の運動の規則性を調べる活動を通して、それらについての理解を図り、観察、実験などに関する技能を身に付けるとともに、主に予想や仮説を基に、解決の方法を発想する力や主体的に問題解決しようとする態度を育成する。

② 指導計画（主な学習活動）〈全9時間〉

第1次　振り子の規則性　　7時間

① 振り子の動き〈2時間〉
- 振り子の定義を知り、振り子を作製する活動を通して問題を見いだす。

② 振り子の1往復する時間〈5時間〉
- 振り子の1往復する時間は何によって変わるのか、根拠のある仮説を立てる。
- 正確に振り子の1往復する時間を計測するための技法を学び、基本実験を行う。
- 自分の仮説を基に検証計画を立案し、班の人と話し合い、班の検証計画を立てる。
- 前時で行っていない実験を行い、結果を整理する。
- 実験結果を考察し、結論を導く。

第2次　振り子の規則性を活用する　2時間

① ものづくり〈2時間〉

解決の方法を発想する場面では

④ 検証計画の立案 ≫≫≫ ⑦ 結果の整理

　「見方・考え方」を働かせるためには、「振り子の長さ」「おもりの重さ」「振れ幅」などに着目して検証計画を立てることが大切である。

　まず、ワークシートを用いて変える条件・変えない条件を表記させ、条件を整える。その後、どのような数値（振り子の長さ、おもりの重さ、振れ幅）で実験をすれば仮説が証明できるのか考えさせる。

　次に、実証可能かどうか、条件は整えられているかどうか班で話し合わせる。対話的な活動を行うことで、より妥当な検証計画を立てることができる。

　また、結果をグラフでまとめ、検証計画は間違っていなかったのかなど、振り返る場を設けることで解決の方法を発想する力を育成することに繋がる。

③ 本単元で働かせる見方・考え方について

本単元で「見方・考え方」を働かせるには、「振り子の規則性について調べる活動」を十分に体験させることがポイント

🔍 見方（物を捉える視点：主として「量的・関係的」な視点で捉える）

振り子を作製する活動を通して、「振り子の1往復する時間」について、「振り子の長さ」「おもりの重さ」「振れ幅」に着目させることで、量的・関係的な見方ができるようにする。

🗣 考え方（思考の枠組み：条件を制御しながら調べる活動を通して）

振り子の運動の規則性について追究する中で、おもりの重さや振り子の長さなどの条件を制御しながら、解決の方法を話し合い調べる活動を行う。

④ 第1次における見方・考え方に基づいた予想される児童の反応例

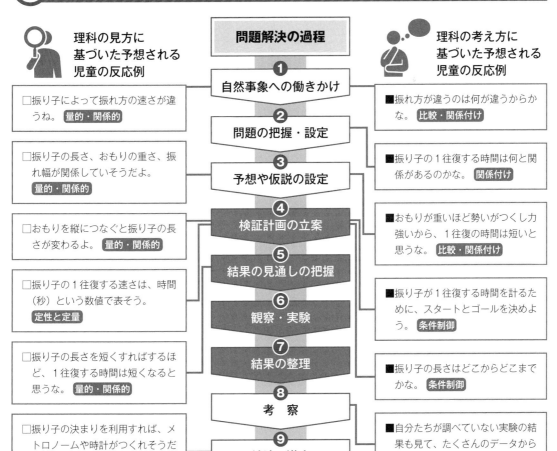

❺ 本時の授業の指導のポイント 第1次 5/7時

| 問題解決の過程 | **❶** 自然事象への働きかけ | **❷** 問題の把握・設定 | **❸** 予想や仮説の設定 | **❹** 検証計画の立案 |

❶ 本時の展開

学 習 活 動
□見方に基づいた児童の反応　・主な児童の反応
■考え方に基づいた児童の反応　○学習活動

区分	内容
インプット（導入）	○前時に立てた問題と仮説を確認する。
アクティブ（展開）	○自分の仮説を基に検証計画を立案する。 □おもりを縦につなぐと振り子の長さが変わるよ。（量的・関係的） ■変える条件と変えない条件を決めよう。（条件制御） ○自分で立てた検証計画を基に班の人と話し合い、班の検証計画を立案する。 ■みんなの立てた計画は実験可能かな。（多面的な考え） ○結果の見通しを立てる。 □おもりの重さを重くすると、1往復する時間が速くなると思うな。（量的・関係的） ■自分の仮説が正しければ、表の数値は大きくなると考えられるよ。（関係付け） ○自分たちの計画に従って実験を行う。 ■算数で学習したことを生かして、正確な時間が計測できるかな。（関係付け） ○結果を表に整理する。

ふれはば	10°	20°	30°
	秒	秒	秒

おもりの重さ	10g	20g	30g
	秒	秒	秒

ふりこの長さ	10cm	20cm	30cm
	秒	秒	秒

○班ごとの結果をグラフにまとめる。

| アウトプット（まとめ） | ○結果を見て気付いたことを発表する。
□結果がずれているところがあるな。（量的・関係的）
■もう一度実験し直したいな。（多面的な考え） |

❷ 本時の板書例

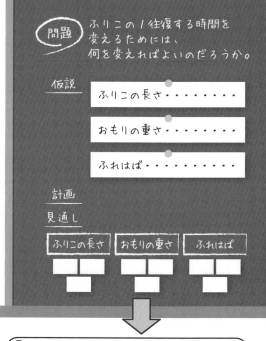

❸ 検証計画を立案するポイント①

個人の検証計画

　「変える条件」「変えない条件」を明記し、それを図に表すことができるようなワークシートを作成し、条件制御の考え方を働かせることができるようにする。

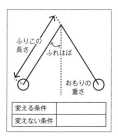

振り子の長さを調べたいから、おもりの重さと振れ幅は変えてはいけないね。

おもりの重さだけ10g、20g、30gと変えて、振り子の長さは20cm、振れ幅は20°で変えずに実験すれば調べられるね。

○振り子が１往復する時間に関係する条件についての予想や仮説を基に、児童が見方や考え方を働かせ、検証計画を立案する場面

⑤ 結果の見通しの把握 ➤ **⑥** 観察・実験 ➤ **⑦** 結果の整理 ➤ **⑧** 考察 ➤ **⑨** 結論の導出

❹ 検証計画を立案するポイント②

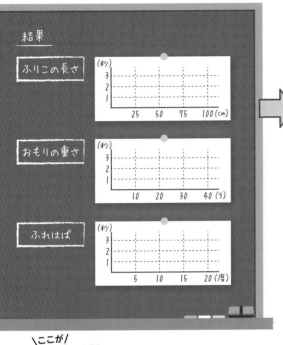

結果

ふりこの長さ　（秒）3 2 1　　25　50　75　100(cm)

おもりの重さ　（秒）3 2 1　　10　20　30　40 (g)

ふれはば　（秒）3 2 1　　5　10　15　20 (度)

\ここが/
Point!!
条件制御の考え方を働かせているか、実証可能な実験になっているかどうか話し合わせることで、解決の方法を発想する力が育成できるようにする。

❶変える条件と変えない条件を明確にし、図を使って検証計画を立てられるようにワークシートを配付する。
❷同じ仮説の人同士で３～４人の班をつくり、話し合いを通してより妥当な解決方法を導けるようにする。
❸班の検証計画を書き、黒板に貼る。
❹学級全体で検証計画を確認し合い、問題点がないか検討する時間を設ける。

 グラフを見て、どんなことに気付きましたか。

おもりの重さや振れ幅は、ほぼ横に一直線だけど、振り子の長さはグラフが右上がりになっています。だから、振り子の長さが関係していると思います。

👥💬 **全体での話し合い**

（クラス全体でグラフの傾向を読み取る。）

でも、おもりの重さのグラフには、1班だけ他の班とずれたところにシールが貼ってあります。

 この班の結果が他とずれた原因は何だと思いますか。

（どのように実験をしたのか、全員で確認をする。）

おもりの吊るし方が違っていると思います。

\ここが/
Point!!
結果が他の班とずれてしまったときは、その原因は何か、正しく実験は行えていたのか、検証計画が間違っていなかったのかなど、振り返る場を設けるようにすることが大切である。

エネルギー
電流がつくる磁力

Ⓐ 領域 (3)　「予想や仮説を基に、解決の方法を発想する場面」で「見方・考え方」を働かせる授業づくり例

① この単元のねらい

　電流の大きさや向き、コイルの巻数などに着目して、これらの条件を制御しながら、電流がつくる磁力を調べる活動を通して、それらについての理解を図り、観察、実験などに関する技能を身に付けるとともに、主に予想や仮説を基に、解決の方法を発想する力や主体的に問題解決しようとする態度を育成する。

② 指導計画（主な学習活動）〈全 11 時間〉

第 1 次　電磁石の極　〈4 時間〉

①電磁石をつくる活動〈1 時間〉

②電流の向きと電磁石の極〈2 時間〉

③実験の考察と結論〈1 時間〉

第 2 次　電磁石の強さ　〈5 時間〉

①電磁石が鉄を引き付ける力〈1 時間〉

　●強さの違う2つの電磁石を提示し、そこから問題を見いだす。

②電流の大きさ・コイルの巻数と電磁石の強さの関係〈1 時間〉

　●電磁石を強くするにはどうしたらよいのか、根拠のある仮説を立てる。

③電磁石の強さの関係の実験〈1 時間〉

　●自分の仮説を基に検証計画を立案し、班の人と話し合い、班の検証計画を立てる。

④実験の考察と結論〈2 時間〉

　●実験結果を表にまとめ、考察し、結論を導く。

第 3 次　ものづくり　〈2 時間〉

①ものづくり〈2 時間〉

解決の方法を発想する場面では

④ 検証計画の立案　≫≫　⑦ 結果の整理

　「見方・考え方」を働かせるためには、「電流の大きさ」や「コイルの巻数」などに着目し、条件制御の考え方を働かせて検証計画を立てることが大切である。

　まずは、個人の検証計画として電磁石を強くする要因を考えさせ、変える条件・変えない条件を図に表す。

　次に、実証可能かどうか、条件は整えられているかどうか班で話し合う時間を設ける。

　また、結果を表にして班ごとに板書し、クラス全体で気付いたことを発表する活動を行う。対話的な活動を行うことで、より妥当な検証計画を立てることができる。

　さらに、振り返る場を設けることで解決の方法を発想する力の育成に繋がる。

③ 本単元で働かせる見方・考え方について

本単元で「見方・考え方」を働かせるには、「電流がつくる磁力について調べる活動」を十分に体験させることがポイント

🔍 見方（物を捉える視点：主として「量的・関係的」な視点で捉える）

　電流がつくる磁力について調べる活動を通して、「電磁石の強さの変化」について「電流の大きさ」や「コイルの巻数」などに着目させることで、量的・関係的な見方ができるようにする。

💭 考え方（思考の枠組み：条件を制御しながら調べる活動を通して）

　電流がつくる磁力について追究する中で、電流がつくる磁力の強さに関係する条件制御などの考え方を働かせる活動を行う。

④ 第2次における見方・考え方に基づいた予想される児童の反応例

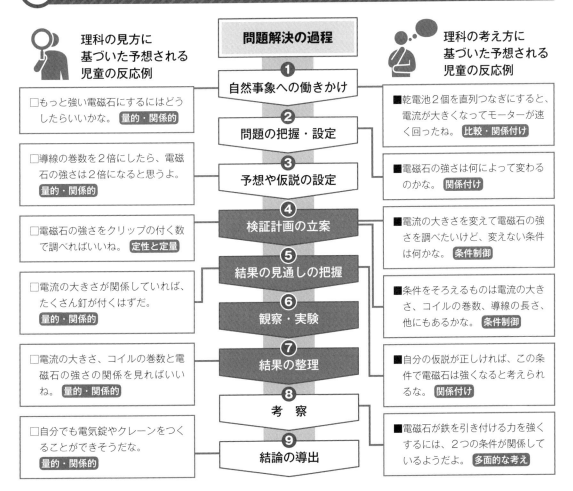

理科の見方に基づいた予想される児童の反応例

□もっと強い電磁石にするにはどうしたらいいかな。 量的・関係的

□導線の巻数を2倍にしたら、電磁石の強さは2倍になると思うよ。 量的・関係的

□電磁石の強さをクリップの付く数で調べればいいね。 定性と定量

□電流の大きさが関係していれば、たくさん釘が付くはずだ。 量的・関係的

□電流の大きさ、コイルの巻数と電磁石の強さの関係を見ればいいね。 量的・関係的

□自分でも電気錠やクレーンをつくることができそうだな。 量的・関係的

問題解決の過程
① 自然事象への働きかけ
② 問題の把握・設定
③ 予想や仮説の設定
④ 検証計画の立案
⑤ 結果の見通しの把握
⑥ 観察・実験
⑦ 結果の整理
⑧ 考察
⑨ 結論の導出

理科の考え方に基づいた予想される児童の反応例

■乾電池2個を直列つなぎにすると、電流が大きくなってモーターが速く回ったね。 比較・関係付け

■電磁石の強さは何によって変わるのかな。 関係付け

■電流の大きさを変えて電磁石の強さを調べたいけど、変えない条件は何かな。 条件制御

■条件をそろえるものは電流の大きさ、コイルの巻数、導線の長さ、他にもあるかな。 条件制御

■自分の仮説が正しければ、この条件で電磁石は強くなると考えられるな。 関係付け

■電磁石が鉄を引き付ける力を強くするには、2つの条件が関係しているようだよ。 多面的な考え

5年 Ⓐ 物質・エネルギー Ⓑ 生命・地球

103

⑤ 本時の授業の指導のポイント 第2次 3/5時

問題解決の過程	➊ 自然事象への働きかけ	➋ 問題の把握・設定	➌ 予想や仮説の設定	➍ 検証計画の立案

➊ 本時の展開

学 習 活 動
□見方に基づいた児童の反応　　・主な児童の反応 ■考え方に基づいた児童の反応　　○学習活動

インプット（導入）	○前時に立てた問題と仮説を確認する。
アクティブ（展開）	○自分の仮説を基に、検証計画を立案する。 □導線の巻数を2倍にしたら、電磁石の強さは2倍になるかな。（量的・関係的） ■電流の大きさを変えて電磁石の強さを調べたいけど、変えない条件は何かな。（条件制御） ■条件として考えられるのは、電流の大きさ、コイルの巻数、導線の長さ、他にもあるかな。（条件制御） ○自分で立てた検証計画を基に班の人と話し合い、班の検証計画を立案する。 ■みんなの立てた計画は実験可能かな。（多面的な考え） ○結果の見通しを立てる。 □電流の大きさが関係すれば、たくさん釘が付くはずだよね。（量的・関係的） ■自分の仮説が正しければ、この条件で電磁石は強くなると考えられるな。（関係付け） ○自分たちの実験を行う。 ○結果を整理する。 ■自分たちの班の結果は、他のグループの結果と比べて妥当だろうか。（比較、多面的な考え）
アウトプット（まとめ）	○結果を見て気付いたことを発表する。 □電流の大きさ、コイルの巻数と電磁石の強さの関係を見ればいいね。（量的・関係的） ■他の班と同じ結果かな。（比較）

➋ 本時の板書例

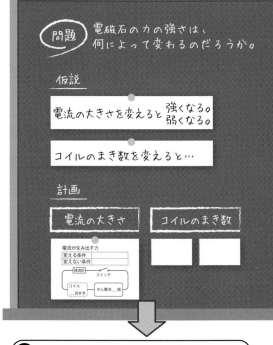

➌ 検証計画を立案するポイント①

個人の検証計画

　「変える条件」「変えない条件」を明記し、それを図に表すことができるようなワークシートを作成し、条件制御の考え方を働かせることができるようにする。

電流の大きさを調べたいから、コイルの巻数は変えないでおこう。

電池の数は1個にして、コイルの巻数は50回巻と100回巻で調べよう。

○電磁石の強さを変化させる要因について、予想や仮説を基に、児童が見方や考え方を働かせ、検証計画を立案する場面

| ⑤ 結果の見通しの把握 | ⑥ 観察・実験 | ⑦ 結果の整理 | ⑧ 考察 | ⑨ 結論の導出 |

④ 検証計画を立案するポイント②

 結果の表を見て、気付いたことを発表しましょう。

 「電流の大きさ」グループの結果は、電流が大きくなるとクリップの本数が増えているので、電流を大きくすれば、電磁石の力も強くなると思います。

 「コイルの巻数」グループも1班を除いてクリップの本数が増えているので、コイルの巻数も関係していると思います。

全体での話し合い

 クリップの本数が増えていない班の結果についてはどう思いますか。

 電気がうまく流れていなかったんじゃないかな。

 クリップの付け方が他の班と違っていたのかもしれないよ。

 導線の先がきちんと削られていなかったとは考えられないかな。

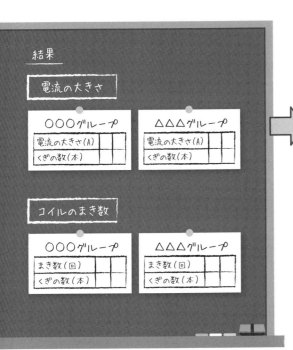

\ここが/
Point!!
条件が整っているか、実証可能な数値（乾電池の数・コイルの巻数）になっているかに着目させることが大切である。

❶変える条件と変えない条件をワークシートに書き表し、図を使って検証計画を立てる。

❷同じ仮説の人同士で3〜4人の班をつくり、個人の検証計画を発表し、班の検証計画を考える。

❸班の検証計画を書かせ、黒板に貼る。

❹学級全体で検証計画を確認し合い、実証可能な実験になっているか、問題点がないか検討する時間を設ける。

\ここが/
Point!!
どこまでを誤差とするのか明確にし、クラス全体で結果の傾向を読み取るようにする。また、結果が他の班とずれたものがある場合は、何が原因なのか、実験は正しく行えたのか、検証計画が間違っていなかったのか等、振り返る場を設けることが大切である。

5年
Ⓐ 物質・エネルギー
Ⓑ 生命・地球

第**5**学年

B 領域（1）

生命
植物の発芽、成長、結実

「予想や仮説を基に、解決の方法を発想する場面」で「見方・考え方」を
働かせる授業づくり例

① この単元のねらい

　発芽、成長及び結実の様子に着目して、それらに関わる条件を制御しながら、植物の育ち方を調べることを通して、植物の発芽、成長及び結実とその条件についての理解を図り、観察、実験などに関する技能を身に付けるとともに、主に予想や仮説を基に、解決の方法を発想する力や生命を尊重する態度、主体的に問題解決しようとする態度を育成する。

② 指導計画（主な学習活動）〈全18時間〉

第1次　発芽の条件　　5時間

①発芽と水〈2時間〉
- ●発芽するために水は必要かどうか調べる。
- ●発芽の条件の整え方を知る。

②発芽と空気、温度〈3時間〉
- ●水以外の発芽の条件を調べる方法を考える。
- ●発芽に空気や温度が関係しているかどうか調べる。

第2次　発芽と養分　　2時間

①種子の中の養分〈2時間〉

第3次　植物の成長の条件　　4時間

①成長と日光、肥料との関係〈4時間〉

第4次　花のつくり　　3時間

①アサガオの花と実や種子〈1時間〉
②花のつくり〈2時間〉

第5次　受粉の役割　　4時間

①花粉の様子〈1時間〉
②受粉と受粉の役割〈3時間〉

解決の方法を発想する場面では

④ 検証計画の立案 ≫ ⑦ 結果の整理

　「見方・考え方」を働かせるためには、これまでに植物を育てた経験を基にして、発芽に必要なものについて考えることが大事である。

　種子が発芽するために、水の他に何が必要かを考え、検証計画を考える。その際には、水が必要であるか確かめた検証計画を生かして、条件を1つだけ変えて、他の条件をそろえる条件制御の考え方を働かせるように、既習の内容を想起させる。

　また、個人で検証計画を考えた後、グループで話し合ったり、他のグループへ発表して意見交換をしたりする場を設定することで、解決方法の妥当性を考えることができる。

③ 本単元で働かせる見方・考え方について

本単元で「見方・考え方」を働かせるには、「植物の育ち方について調べる活動」を十分に体験させることがポイント

見方（物を捉える視点：主として「共通性・多様性」の視点で捉える）

発芽、成長及び結実の様子に着目させることで、植物の発芽や成長に必要な条件について共通性・多様性の見方ができるようにする。また、植物の花のつくりや結実の様子に着目させることで、共通性・多様性の見方ができるようにする。

考え方（思考の枠組み：条件を制御しながら調べる活動を通して）

植物の育ち方について追究する中で、変化させる要因と変化させない要因を区別しながら、計画的に観察、実験などを行う。また、観察、実験の方法や結果を表に整理するなど、比較・関係付けなどの考え方を働かせて、植物の育ち方について考えたり、説明したりする活動を行う。

④ 第1次における見方・考え方に基づいた予想される児童の反応例

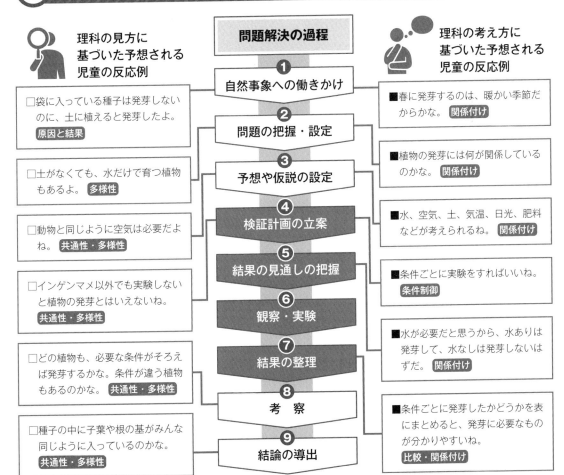

❺ 本時の授業の指導のポイント 第1次 3/5時

問題解決の過程	❶ 自然事象への働きかけ	❷ 問題の把握・設定	❸ 予想や仮説の設定	❹ 検証計画の立案

❶ 本時の展開

	学 習 活 動 □見方に基づいた児童の反応 ・主な児童の反応 ■考え方に基づいた児童の反応 ○学習活動
インプット（導入）	【問題】種子が発芽するために、水の他に何が必要なのだろうか。 ○発芽に水が必要かの実験方法と結果を振り返る。 ■水だけ条件を変えて、温度と空気は同じ条件にしたよ。（条件制御）
アクティブ（展開）	○前時までに立てた予想を基に、種子が発芽するために必要な条件を調べる検証計画を個人で立案する。 ■空気が必要かを調べたいから、空気の条件だけを変えよう。（条件制御） ○実験で使用する道具を操作しながら、グループで検証計画をまとめる。 ■空気が必要かを調べるときは、空気に触れないように、水の中に入れよう。（条件制御） ■冷蔵庫の中は暗くなったから、部屋の中の種子も暗いところに置こう。（条件制御） ○検証計画の意見交流を行い、他のグループの検証計画のよいところや直したほうがいいところを意見カードで伝える。 ■空気を調べるのに、温度の条件がそろっていないよ。（条件制御）
アウトプット（まとめ）	○意見カードを基に、実験方法の妥当性をグループで話し合い、ホワイトボードにまとめる。 ■他のグループからも、「条件がそろっていていい」といわれたね。この方法で実験をしよう。（多面的な考え） ■他のグループから意見をもらって、どこを直せばいいか分かったね。（多面的な考え）

❷ 本時の板書例

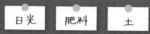
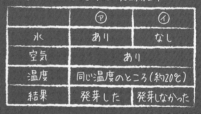

問題	種子が発芽するために、水のほかに何が必要なのだろうか。

予想
・空気が必要（動物も植物も同じだから）
・温度が必要（冬は発芽しないから）

| 日光 | 肥料 | 土 |

発芽に水が必要かの実験結果

	㋐	㋑
水	あり	なし
空気	あり	
温度	同じ温度のところ（約20℃）	
結果	発芽した	発芽しなかった

❸ 検証計画を立案するポイント①

個人の検証計画の立案

　前時までの実験方法と結果を示し、どのように条件を制御すればよいかを確かめる。

発芽に水が必要かの実験では、どんなことに気を付けましたか。

水だけ条件を変えました。

水以外の空気と温度は、同じ条件にしました。

空気と温度が必要かを確かめる実験でも、この方法が使えそうだよ。

○発芽に必要な条件についての予想や仮説を基に、児童が見方や考え方を働かせ、検証計画を立案する場面

❺
結果の見通しの
把握

❻
観察・実験

❼
結果の整理

❽
考　察

❾
結論の導出

❹ 検証計画を立案するポイント②

実験計画

空気

空気あり（種子が空気にふれている）

空気なし（種子が空気にふれていない）

温度

部屋の中（約20℃）

冷ぞう庫の中（約5℃）

 他の班の発表を聞いて、実験計画のよいところや、直したほうがいいところを、意見カードで伝えましょう。

💬 意見交流

空気を調べる実験では、水と温度を同じ条件にしていて、いいと思います。

☆意見カード　名前：○○△△

この実験でよい	
もう少し…直した方がよい	○

〔コメント〕
　調べる種の数を増やした方がいいと思います。

☆意見カード　名前：○○△△

この実験でよい	
もう少し…直した方がよい	○

〔コメント〕
　水の実験は、2つとも同じ温度のところに置いた方がいいと思います。

Point!!
実験道具を操作させることで、見えにくい条件を可視化することができ、条件がそろっているかを確かめやすくなる。

 意見カードを基に、よりよい実験計画に直して、ホワイトボードにまとめましょう。

（意見カードを基に、実験計画をまとめる。）

グループで話し合いながら、実験の計画をまとめましょう。実際に、実験の道具を使って、話し合いをしましょう。

温度の実験では、暗い冷蔵庫に入れることに気付かなかったね。

温度を調べるときは、冷蔵庫に入れよう。片方も暗くしないとね。

❶個人で考えた検証計画を、同じグループの人に伝える。
❷実験道具を操作し、条件が制御されているかを、グループで確かめる。

Point!!
直したほうがいいと指摘された点を中心に話し合い、よりよい実験方法へと変えていく。

5年

Ⓐ 物質・エネルギー

Ⓑ 生命・地球

第**5**学年 B 領域(2)

生命
動物の誕生

「予想や仮説を基に、解決の方法を発想する場面」で「見方・考え方」を
働かせる授業づくり例

① この単元のねらい

　魚を育てたり人の発生についての資料を活用したりする中で、卵や胎児の様子に着目して、時間の経過と関係付けて、動物の発生や成長を調べる活動を通して、それらについての理解を図り、観察、実験などに関する技能を身に付けるとともに、主に予想や仮説を基に、解決の方法を発想する力や生命を尊重する態度、主体的に問題解決しようとする態度を育成する。

② 指導計画（主な学習活動）〈全12時間〉

第1次　メダカの誕生　6時間

①メダカの飼育〈2時間〉
- ●メダカの雌雄の見分け方や飼い方を知り、雄と雌のメダカを飼う。

②メダカの卵の変化〈4時間〉
- ●顕微鏡を用いてメダカの卵を観察し、変化の様子を調べる。
- ●メダカの発生や成長とその変化に関わる時間を関係付けて、結果の整理をし、話し合う。

第2次　人の誕生　5時間

①子供の誕生〈1時間〉
②胎児の成長〈4時間〉

第3次　生命のつながり　1時間

①人、メダカ、植物などの生命のつながり
〈1時間〉

解決の方法を発想する場面では

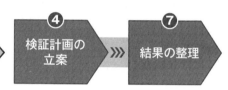

❹ 検証計画の立案　≫≫　❼ 結果の整理

　「見方・考え方」を働かせ、「検証計画の立案」をするには、昆虫を育てた経験から、メダカの卵の中の様子に着目させることで、観察する時刻などの条件を整理し、検証方法が妥当かどうかを話し合い、観察の視点を明確にしていくことが大切である。

　また、卵は日に日に変化していくものであるので、時間の経過と関係付けて、継続して観察していけるようにする。その際に観察ノートを整理し、自分の考えを表現させ、全体で話し合う活動を行うようにする。

❸ 本単元で働かせる見方・考え方について

本単元で「見方・考え方」を働かせるには、「動物の発生や成長について調べる活動」を十分に体験させることがポイント

 見方（物を捉える視点：主として「共通性・多様性」の視点で捉える）

　魚が生んだ卵の中の様子に着目させることで、卵の中の変化や、雌雄の形状、卵の中の養分などを、また、胎児の母体内での成長に着目させることで、共通性・多様性の見方ができるようにする。

考え方（思考の枠組み：条件を制御しながら調べる活動を通して）

　変化させる要因と変化させない要因を区別しながら、計画的に観察を行う。魚の卵の様子と、時間の経過を関係付けて、継続して観察を行う。

❹ 第1次における見方・考え方に基づいた予想される児童の反応例

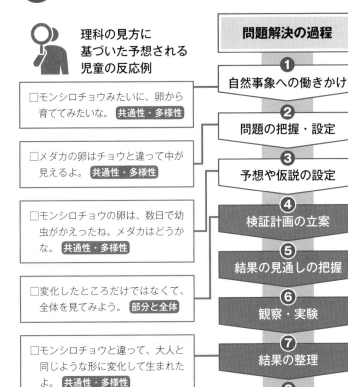

⑤ 本時の授業の指導のポイント 第1次 3/6 時

問題解決の過程	① 自然事象への働きかけ	② 問題の把握・設定	③ 予想や仮説の設定	④ 検証計画の立案

❶ 本時の展開

学 習 活 動
□見方に基づいた児童の反応　・主な児童の反応
■考え方に基づいた児童の反応　○学習活動

インプット（導入）

【問題】メダカの卵は、どのように変化して、子メダカになるのだろうか。

○昆虫を育てたときの経験から、卵の変化を予想する。
□モンシロチョウの卵は、数日で幼虫がかえったね。メダカも数日で出てくるかな。（共通性・多様性）
■他の動物でも卵の中の変化は見たことないけど、少しずつ変化すると思うよ。（比較・関係付け）

アクティブ（展開）

○個人で検証計画を立案する。
■生まれた日が違う卵と比べてみると、変化がよく分かりそうだよ。（比較）
■同じ卵を観察していかないと、変化が分からないね。（条件制御）
○個人の計画を基に、学級全体で観察に必要な条件を考え、キーワードを整理する。
■「どの時間帯に観察するか」がキーワードになりそうだね。（条件制御）
○キーワードを基にして、グループで話し合い、検証計画を立案する。
■水槽と同じような環境で調べるには、どうしたらいいかな。（条件制御）

アウトプット（まとめ）

○グループで考えた検証計画を発表する。
■観察が始まったら、他の班の記録も聞いてみよう。（多面的な考え）

❷ 本時の板書例

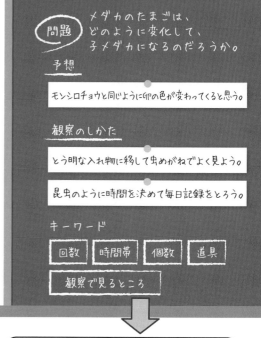

❸ 検証計画を立案するポイント①

キーワードの抽出

個人で考えた検証計画を基に、どのような条件があるかを整理していく。

 メダカの卵の変化の様子は、どのように調べればよいでしょうか。

1日に1回観察すれば、変化の様子を見られると思います。

朝と夕方の2回確かめたいな。

昼休みに観察したいです。

○メダカの成長についての予想や仮説を基に、児童が見方や考え方を働かせ、検証計画を立案する
　場面

⑤ 結果の見通しの把握	⑥ 観察・実験	⑦ 結果の整理	⑧ 考　察	⑨ 結論の導出

❹ 検証計画を立案するポイント②

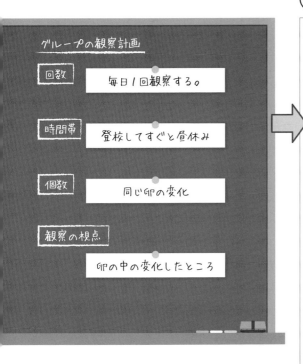

グループの観察計画

回数	毎日1回観察する。
時間帯	登校してすぐと昼休み
個数	同じ卵の変化
観察の視点	卵の中の変化したところ

回数と時間帯について意見が出ましたね。他の意見はありますか。

\ここが/
Point!!
個人の計画を発表させていく中で、観察の回数・日にち・時刻・観察対象・環境・道具などの観察の視点となる条件のキーワードを整理していく。

❶児童がカードに書いた検証計画を発表させ、黒板に貼る。
❷黒板に貼る際は、似ているものをまとめておく。
❸条件となるキーワードを抽出していく。

キーワードの条件を使って、グループで観察計画を立てましょう。

グループでの話し合い

（観察計画を立てる。）

Aグループ	Bグループ
・「時間帯」はいつにしようか。 ・登校したらすぐに確かめたいな。	
・みんな同じ意見だから、登校後にしよう。	・昼休みだったらゆっくり観察できるよ。 ・じゃあ、昼休みにしよう。

\ここが/
Point!!
キーワードとなった条件について、各グループで話し合う。例えば、「時間帯」の条件では、毎回決まった時間帯にする条件が守られていれば、「登校後すぐ」「中休み」など、多様な意見が出てもよい。

全体での話し合い

（観察計画を発表する。）

他の班の発表を聞いて、気付いたことや考えたことはありますか。

どの班も毎日観察するけれど、時間帯は朝だったり昼だったり違います。

自分たちで調べていないことが、他の班の記録から分かりそうです。

5
年

Ⓐ 物質・エネルギー

Ⓑ 生命・地球

第**5**学年

B 領域(3)

地球
流れる水の働きと土地の変化

「予想や仮説を基に、解決の方法を発想する場面」で「見方・考え方」を
働かせる授業づくり例

① この単元のねらい

　流れる水の速さや量に着目して、それらの条件を制御しながら、流れる水の働きと土地の変化を調べる活動を通して、それらについての理解を図り、観察、実験などに関する技能を身に付けるとともに、主に予想や仮説を基に、解決の方法を発想する力や主体的に問題解決しようとする態度を育成する。

② 指導計画（主な学習活動）〈全12時間〉

第1次　流れる水の働き　4時間

①川の様子〈1時間〉
- ●川の普段と大雨後の様子を比べて、気付いたことを話し合う。

②流れる水の量とその働きの関係〈2時間〉
- ●流す水の量を変えて、水の量と働きの関係を調べる。

③流れる水の働きと考察〈1時間〉
- ●結果から考察し、流れる水の働きと、大雨による変化を導く。

第2次　川と川原の石の様子　4時間

①川原の石の違い〈1時間〉
②川原の石の大きさや形の関係〈2時間〉
③石の大きさや形の関係の結論〈1時間〉

第3次　流れる水と変化する土地　4時間

①土地の様子の変化〈1時間〉
②水の量の変化と土地の変化の関係〈3時間〉

解決の方法を発想する場面では

④ 検証計画の立案　≫≫　⑦ 結果の整理

　「見方・考え方」を働かせ、「検証計画の立案」をするには、モデル実験と実際の川を関連させて考えることが大事である。

　流れる水の速さや量に着目することができるように川の様子を直接観察させたり、地形図などを用いて川の長さを感じさせたりすることで、川の空間的な広がりや、流れの時間的な広がりを捉えさせることが大切である。

　予想を基に、川の流れをどのようにつくればよいか考え、話し合う。その際に、流す水の量をどう調整するかなどの条件を整理することを話し合うことで、条件制御を意識した検証計画を立案する学習が行える。

　本時の詳しい学習活動の展開例について、板書を中心に指導ポイントを参照するとよい。

③ 本単元で働かせる見方・考え方について

本単元で「見方・考え方」を働かせるには、「流れる水の働きと土地の変化について調べる活動」を十分に体験させることがポイント

 見方（物を捉える視点：主として「時間的・空間的」な視点で捉える）

　川を流れる水の速さや量に着目させることで、水の働きと土地の変化を調べる活動を行い、時間的・空間的な見方ができるようにする。

 考え方（思考の枠組み：条件を制御しながら調べる活動を通して）

　流れる水の働きについて追究する中で、流れる水の働きと土地の変化との関係について、変化させる要因と変化させない要因を区別しながら、計画的に実験する活動を行う。

④ 第1次における見方・考え方に基づいた予想される児童の反応例

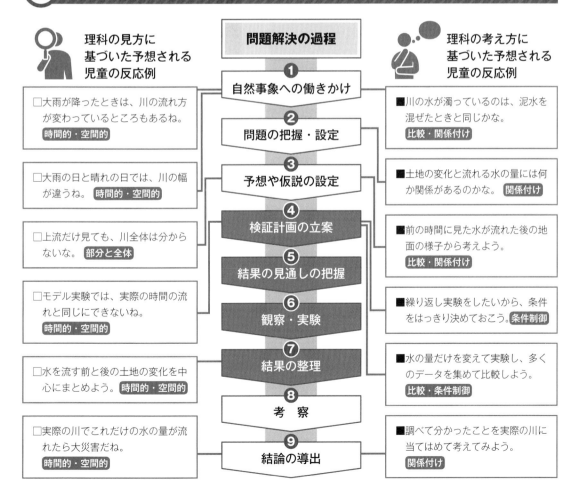

理科の見方に基づいた予想される児童の反応例

問題解決の過程

理科の考え方に基づいた予想される児童の反応例

① 自然事象への働きかけ

□大雨が降ったときは、川の流れ方が変わっているところもあるね。 時間的・空間的

■川の水が濁っているのは、泥水を混ぜたときと同じかな。 比較・関係付け

② 問題の把握・設定

□大雨の日と晴れの日では、川の幅が違うね。 時間的・空間的

■土地の変化と流れる水の量には何か関係があるのかな。 関係付け

③ 予想や仮説の設定

□上流だけ見ても、川全体は分からないな。 部分と全体

■前の時間に見た水が流れた後の地面の様子から考えよう。 比較・関係付け

④ 検証計画の立案

⑤ 結果の見通しの把握

□モデル実験では、実際の時間の流れと同じにできないね。 時間的・空間的

■繰り返し実験をしたいから、条件をはっきり決めておこう。 条件制御

⑥ 観察・実験

⑦ 結果の整理

□水を流す前と後の土地の変化を中心にまとめよう。 時間的・空間的

■水の量だけを変えて実験し、多くのデータを集めて比較しよう。 比較・条件制御

⑧ 考　察

□実際の川でこれだけの水の量が流れたら大災害だね。 時間的・空間的

■調べて分かったことを実際の川に当てはめて考えてみよう。 関係付け

⑨ 結論の導出

❺ 本時の授業の指導のポイント 第1次 2/4時

問題解決の過程	❶ 自然事象への働きかけ	❷ 問題の把握・設定	❸ 予想や仮説の設定	❹ 検証計画の立案

① 本時の展開

学 習 活 動
□見方に基づいた児童の反応　・主な児童の反応 ■考え方に基づいた児童の反応　○学習活動

インプット（導入）

○前時に見いだした問題を確認する。

【問題】流れる水には、どのような働きがあり、量によって違いがあるのだろうか。

○根拠のある予想や仮説を発想する。

■水が濁っているのは、土が運ばれているからかな。（関係付け）

■量が多いと流れる水の力が大きいから、削られ方も大きくなるかな。（関係付け）

アクティブ（展開）

○個人で検証計画を立案する。

■働きを調べるためには、水を流す前と後を比べないといけないな。（比較）

■流れているときも一部だけでなく、全体的に変化を見ないといけないな。（部分と全体）

■水の量による違いを調べるためには、流す水の量を変えて比べる必要があるな。（条件制御）

■同じ川で比べないといけないから、傾きや土砂の量は変えてはいけないな。（条件制御）

アウトプット（まとめ）

○班で検証計画を話し合う。

・ミニホワイトボードや付箋を使うと話し合いやすいね。

・流れている様子を一人で見るのは難しいから、役割を分担するといいね。

○全体で検証計画を共有する。

■他の班と計画は同じかな。（比較）

② 本時の板書例

問題 流れる水には、どのようなはたらきがあり、量によってちがいがあるのだろうか。

予想

・水がにごっているのは、上流の土地がけずられたから。

・水がにごっているのは、土が運ばれているから。

・量が多いと流れる水の力が大きいから、けずられ方も大きくなる。

条件

| 水の量 | 傾き | 土砂の量 |

③ 検証計画を立案するポイント①

個人の検証計画の立案

予想や仮説を基に、流れる水の働きに関係する条件を考える。

 この実験をするときに関わる条件は何があるでしょう。

水の量による違いを調べるのだから、水の量は条件になるね。

川を再現するなら、土地が傾いていることも条件になるね。

土地には土砂があるから、土砂の盛り方も条件になるね。

○流れる水の量とその働きの関係についての予想や仮説を基に、児童が見方や考え方を働かせ、検証計画を立案する場面

```
⑤ 結果の見通しの把握  →  ⑥ 観察・実験  →  ⑦ 結果の整理  →  ⑧ 考　察  →  ⑨ 結論の導出
```

❹ 検証計画を立案するポイント②

方法

- プランター用のトレーに土砂を平らに入れたものを2つ用意する。
- どちらもかたむきが同じになるように調整する。
- 水の量は2種類用意して、それぞれのトレーに流す。
- 流れているようすや流し終わった状態を見て比べる。

 自分で考えた実験方法を基にグループで話し合って、ホワイトボードにまとめましょう。

グループでの話し合い

流れている途中の様子も見ないといけないね。

一人で見るのは大変だから、役割を分担するといいね。

みんなが考えた方法のよいところを合わせればいいね。

この方法では実験ができなさそうだよ。

全体での話し合い

どのグループの条件も変える条件と変えない条件が整理されているね。

方法が似ているから、安心して実験できるね。

\ここが/
Point!!
作業の手順だけを考えさせるのではなく、条件制御に着目させることが大切である。

 変える条件と変えない条件に注意して、実験方法を考えましょう。

❶変える条件を考える（例：水の量）。
❷変えない条件を考える（例：傾き・土砂の盛り方）。
❸実験器具をどのように設置し、操作するか考える。
❹結果をどのように見るか考える。
❺結果の記録の仕方を考える。

\ここが/
Point!!
考えた実験方法を、友達や全体の意見と比べることで、同じであれば確信をもって実験することができる。違っていれば改善、修正の方法を考えることができる。

5年 Ⓐ物質・エネルギー Ⓑ生命・地球

第**5**学年 地球 天気の変化

B 領域(4)

「予想や仮説を基に、解決の方法を発想する場面」で「見方・考え方」を働かせる授業づくり例

① この単元のねらい

雲の量や動きに着目して、それらと天気の変化とを関係付けて、天気の変化の仕方を調べる活動を通して、それらについての理解を図り、観察、実験などに関する技能を身に付けるとともに、主に予想や仮説を基に、解決の方法を発想する力や主体的に問題解決しようとする態度を育成する。

② 指導計画（主な学習活動）〈全10時間〉

第1次　天気と雲　　4時間

①天気と雲の関係〈1時間〉
●天気は雲の様子とどのような関係があるかを考える。

②雲の様子の観察〈2時間〉
●雲の様子について観察をする。

③雲の様子と天気の変化〈1時間〉
●雲の様子と天気の変化の関係について観察から考える。

第2次　天気の変化　　4時間

①天気の変化〈1時間〉
②気象情報〈2時間〉
③気象情報と天気の変化の関係〈1時間〉

第3次　台風の接近と天気　2時間

①台風の接近と天気の変化〈2時間〉

解決の方法を発想する場面では

④ 検証計画の立案 ≫≫ ⑦ 結果の整理

「見方・考え方」を働かせ、「検証計画の立案」をするには、時間的・空間的な見方や条件制御の考え方が大事である。

　例えば、雲の様子を観察する際には、時間によって雲の形や量などが変化することや観察場所から見える空の様子を広い視野で空間的に捉えることが大切となる。

　また、違う時間に同じ場所で同じ方位の雲の様子を観察するという条件制御について考えることも大切となる。

　これらの見方・考え方については、「気象衛星ひまわり」からの気象情報を整理していくときにも大切となってくる。そして、自分が地上から観察する雲の様子と宇宙から捉えた衛星写真を比較しながら空間的に天気の変化を捉えることが大切となる。

❸ 本単元で働かせる見方・考え方について

本単元で「見方・考え方」を働かせるには、「天気の変化の仕方について調べる活動」を十分に
体験させることがポイント

 見方（物を捉える視点：主として「時間的・空間的」な視点で捉える）

　天気の変化の仕方について、雲の様子を観察したり映像などの気象情報を活用したりして、
雲の量や動きによって天気が変化することに着目させることで、時間的・空間的な見方がで
きるようにする。

考え方（思考の枠組み：条件を制御しながら調べる活動を通して）

　天気の変化の仕方と雲の量や動きとの関係についての予想や仮説を基に、観察する時間や
場所などの条件を制御しながら解決の方法を発想し、話し合う活動を行う。

❹ 第1次における見方・考え方に基づいた予想される児童の反応例

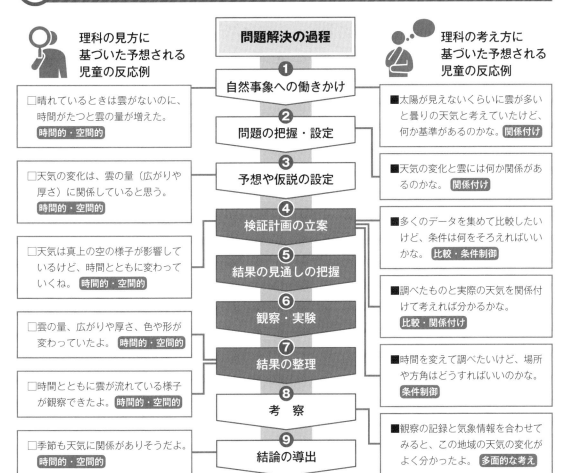

❺ 本時の授業の指導のポイント　第1次　4/4時

問題解決の過程	❶ 自然事象への働きかけ	❷ 問題の把握・設定	❸ 予想や仮説の設定	❹ 検証計画の立案

❶ 本時の展開

学　習　活　動
□見方に基づいた児童の反応　・主な児童の反応 ■考え方に基づいた児童の反応　○学習活動

インプット（導入）

【問題】天気は、雲の様子とどのような関係があるのだろうか。

○根拠のある予想や仮説を発想する。

□天気の変化は、雲の量（広がりや厚さ）に関係していると思う。（時間的・空間的）

■雲の色が濃いと雨になることが多いと思うので、雲の色が天気に関係していると思う。（関係付け）

アクティブ（展開）

○検証計画を立案する。

□天気の変化は、雲の量（広がりや厚さ）に関係していると思うから、雲の量を観察したいな。（時間的・空間的）

■学級のみんなが同じ場所で観察する必要はないね。（条件制御）

■4年生の星の観察のときに角度の測り方を学んだよ。雲の記録にそれが使えそうだな。（関係付け）

□方位磁針を使えば、正しく記録が取れるね。（定性と定量）

■時間を変えて同じ場所で調べるけど、どの方角を調べればいいのかな。（条件制御）

■観察する方角はみんなそろえると、後で記録を見比べやすくなるね。（条件制御）

○観察カードの記録の仕方やタブレットの使用法について知る。

・タブレットでは1時間ごとに同じ場所で記録を取るといいね。

・同じ角度で写真を取らないと条件が変わってしまうよ。目印になるものを写真の右端に入れるといいね。

❷ 本時の板書例

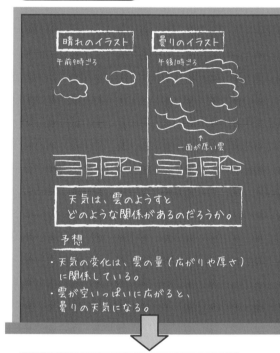

❸ 検証計画を立案するポイント①

予想や仮説の設定と検証計画の立案

　自分の予想や仮説を検証するためには、どのような観察計画を立てればよいのかを考える。

 自分が立てた予想や仮説を確かめるためには、どのように観察を行えばよいかを考えましょう。

天気の変化は、雲の量（広がりや厚さ）に関係していると思うから、雲の量について時間ごとに観察をすればよい。

雲は流れていくから、どの方向に動いていくか記録すればよいと思う。

○天気と雲の様子の関係についての予想や仮説を基に、児童が見方や考え方を働かせ、検証計画を立案する場面

⑤ 結果の見通しの把握	⑥ 観察・実験	⑦ 結果の整理	⑧ 考　察	⑨ 結論の導出

④ 検証計画を立案するポイント②

観察のしかた

・校庭の同じ場所から記録する。
・4年生の星の観察のときに学んだ角度の測り方を使う。
・方位磁針を使えば、正しく記録が取れる。
・時間を変えて、同じ場所で同じ方角を調べる。
・観察カードに目印を書き入れる。

○1時間ごとに観察する。
○場所ははんごとに決めて印をつけておく。
○観察するカードに校庭の木を目印で書く。

 今まで学習したことから、どのように雲の観察を行えばよいかを考えましょう。

💬 **全体での話し合い**

（既習の内容から検証計画を考える。）

3年生で太陽の動きを観察したときには、学級のみんなが校庭の同じ場所で記録をしたよ。

4年生の星の観察のときに角度の測り方を学んだよ。それを使って雲の記録を取るといいね。

方位磁針を使えば、雲の位置について記録が取れるね。

観察する方角をみんなそろえると、後で記録を見比べやすくなるね。

観察カードに目印となる、木とか電柱とかを記しておくといいね。

観察するときに変える条件は「時間」で、変えない条件は「観察する場所」「見る角度や方角」などだね。

\ここが/
Point!!

自分の予想や仮説を検証するためには、どのような視点で観察や実験を行えばよいか考えることで、検証計画を立案していくことができるようになる。様々な意見の中から、「雲の量に着目する」「雲の動きに着目する」など同じ視点や大切となる点をまとめて、観察・実験に臨むとよい。

❶変える条件を考える（例：時間）。
❷変えない条件を考える（例：観察場所、方角）。
❸結果の記録の仕方を考える。

\ここが/
Point!!

第3学年「太陽と地面の様子」、第4学年「月と星」の学習において、太陽や月、星の動きについて、観測する経験を重ねていることから、習ったことを思い出して検証計画の立案を行っていくことが大切となる。ただし、太陽、月、星と違い、雲は時間ごとに常に変化をしていくものであるので、角度や方角は大体の目安として扱うとよい。

第6学年

物質
燃焼の仕組み

Ⓐ 領域(1)

「より妥当な考えをつくりだす場面」で「見方・考え方」を働かせる
授業づくり例

① この単元のねらい

　空気の変化に着目して、物の燃え方を多面的に調べる活動を通して、燃焼の仕組みについての理解を図り、観察、実験などに関する技能を身に付けるとともに、主により妥当な考えをつくりだす力や主体的に問題解決しようとする態度を育成する。

② 指導計画（主な学習活動）〈全9時間〉

第1次　物の燃え方と空気 [4時間]

① ろうそくの燃え方 〈1時間〉
② ろうそくの燃え方と空気の様子 〈1時間〉
③ 物を燃やす働きのある気体 〈2時間〉

第2次　物が燃えるときの空気の変化 [5時間]

① 物が燃える前後の空気の違い 〈2時間〉
● 酸素や二酸化炭素の体積の割合を気体検知管、二酸化炭素の増加を石灰水で調べる。

② 物が燃えたときの空気の変化 〈1時間〉
● 実験結果からいえることを話し合ったり、図や絵に表したりする。

ろうそくを
燃やす前

ろうそくを
燃やした後

③ 木や紙が燃えたときの空気の変化とまとめ 〈2時間〉
● 他の植物体の燃え方を実験で調べる。

より妥当な考えをつくりだす場面では

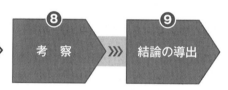
⑧ 考察 ⑨ 結論の導出

　「見方・考え方」を働かせるためには、「結果の整理」の場面で、燃える前後の酸素と二酸化炭素の体積の割合の変化(%)を表にしてそれぞれの気体の増減に着目できるようにし、また、物が燃える前後の石灰水の変化も写真等で比較できるようにする。「考察」では、結果の数値や石灰水の変化からどのようなことが考えられるかを多面的に話し合わせる。定性的な見方に定量的な見方を重ね合わせ、より妥当な考えをつくりだす。
　燃える前後において空気中の気体の体積の割合を帯グラフにしたり、物が燃える前後の酸素と二酸化炭素の体積の割合を粒の数で表現させたりすることで、質的・実体的な見方を確かで豊かなものにしていく。

❸ 本単元で働かせる見方・考え方について

本単元で「見方・考え方」を働かせるには、「燃焼の仕組みについて調べる活動」を十分に体験させることがポイント

 見方（物を捉える視点：主として「質的・実体的」な視点で捉える）

　植物体が燃える前と燃えた後での空気の性質や植物体の変化に着目させることで、質的・実体的な見方ができるようにする。

考え方（思考の枠組み：多面的に調べる活動を通して）

　燃焼の仕組みについて追究する中で、物が燃えたときの空気の変化について複数の観察・実験から得た結果を基に、多面的に考察する活動を行う。

❹ 第2次における見方・考え方に基づいた予想される児童の反応例

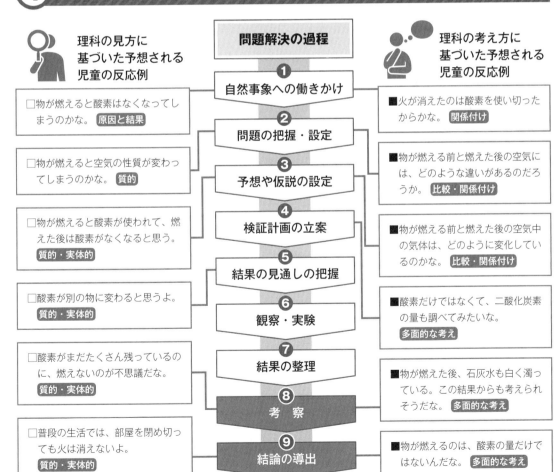

⑤ 本時の授業の指導のポイント　第2次　1/5時

問題解決の過程	❶ 自然事象への働きかけ	❷ 問題の把握・設定	❸ 予想や仮説の設定	❹ 検証計画の立案

❶ 本時の展開

学 習 活 動
□見方に基づいた児童の反応　・主な児童の反応
■考え方に基づいた児童の反応　○学習活動

アクティブ（展開）

○実験結果を整理する。
□酸素と二酸化炭素の体積の割合の違いや石灰水の変化をよく見よう。（質的・実体的）
■2つの実験結果を表にしたり、写真で並べたりすれば、分かりやすいね。（多面的な考え）
○結果を分かりやすく表示する。
気体検知管の数値（体積の割合％）

気体	燃える前	燃えた後
酸素	約21%	約17%
二酸化炭素	約0.03%	約3%

アウトプット（まとめ）

○結果から考えられることを考察する。個人で考えをもたせてから全体で話し合う。
□物が燃える前と燃えた後では、酸素が減って、二酸化炭素が増えている。（質的・実体的）
■どの実験からも二酸化炭素が増えたことはいえるよ。（多面的な考え）
□物が燃えるとき酸素が使われ、二酸化炭素ができるのかな。（質的・実体的）
○問題に対するより妥当な考えをつくりだす。
■二酸化炭素が入ってくるわけないので、酸素が変化したのかな。（多面的な考え）
■物が燃えても酸素が全部使われるわけではない。（多面的な考え）
○全体で結論を導出する。

【結論】ろうそくなどの物が燃えると、空気中の酸素が減り、二酸化炭素が増える。

❷ 本時の板書例

結果

ものが燃える前と燃えた後の酸素と
二酸化炭素の体積の割合（％）

酸素	前	後		二酸化炭素	前	後
1班	21	17		1班	0.03	3
2	21	18		2	0.03	4
3	21	17		3	0.03	4
4	21	17		4	0.03	3
5	21	18		5	0.03	3
6	21	17		6	0.03	3

石灰水の変化　　　どの班も同じ。

→ 白くにごる。

❸ 考察・結論を導出するポイント①

表や写真を使って結果を読み取る

数値の変化や色の変化に着目させるため、全班のデータを一覧表にしたり、石灰水の変化を写真で掲示したりする。

 自分たちの班の結果を黒板に書いて、他の班の結果と比べてみましょう。

物が燃える前と後の数値は、自分たちと同じ結果の班もあれば少し違う班もあるね。

学級全体で結果を表にしてみると、分かりやすいね。

○物が燃える前と燃えた後の気体の変化を調べる活動から児童が見方や考え方を働かせ、より妥当な考えをつくりだす場面

❺ 結果の見通しの把握 ▶ ❻ 観察・実験 ▶ ❼ 結果の整理 ▶ ❽ 考　察 ▶ ❾ 結論の導出

❹ 考察・結論を導出するポイント②

考察

どの班も、ものが燃える前と燃えた後では、酸素が減って、二酸化炭素が増えている。

気体検知管の測定と石灰水の変化から、二酸化炭素が増えたといえる。

ものが燃えるとき酸素が使われ、二酸化炭素ができるのかな。

結論　ろうそくなどのものが燃えると、空気中の酸素が減り、二酸化炭素が増える。

\ここが/
Point!!

一覧表や写真で結果を表現することを想定し、実験の計画時から、ワークシートやノートに全班の実験結果を集積しやすい記録の取り方やデジカメの準備をしておく。

児童のノート例

〈実験結果〉
気体検知管の数値
　　　　　　前　　後　　　　　　　前　　後
・酸素　21%→17%　・二酸化炭素　0.03%→3%
石灰水の変化
　　　　　前　　後
　　　　　透明→白くにごる
〈考察〉
・・・

グループでの話し合い

（多面的に考えさせる。）
「予想を振り返りながら、実験結果から考えられることを話し合いましょう」と発問し、掲示された実験結果の表と写真に着目させる。
まずは、個人で考えをもたせ、班で話し合う。

酸素と二酸化炭素の体積の割合について、全班の結果からいえることは何ですか。

数値は少し違いますが、どの班も酸素が減って二酸化炭素が増えています。

石灰水の変化の結果についていえることは何ですか。

どの班も燃えた後の空気は、石灰水が白く濁っているから二酸化炭素ができたことが分かります。

全体での話し合い

全班の結果からいえることは何ですか。

物が燃えると空気中の酸素が減り、二酸化炭素が増えます。

\ここが/
Point!!
気体検知管の測定数値や石灰水の変化から酸素と二酸化炭素の増減に着目させ、多面的に結果を考察し、より妥当な考えをつくりだすことが大切である。

6年 Ⓐ 物質・エネルギー Ⓑ 生命・地球

第**6**学年

物質
水溶液の性質

Ⓐ 領域(2)

「より妥当な考えをつくりだす場面」で「見方・考え方」を働かせる
授業づくり例

① この単元のねらい

　水に溶けている物に着目して、それらによる水溶液の性質や働きの違いを多面的に調べる活動を通して、水溶液の性質や働きについての理解を図り、観察、実験などに関する技能を身に付けるとともに、主により妥当な考えをつくりだす力や主体的に問題解決しようとする態度を育成する。

② 指導計画（主な学習活動）〈全11時間〉

第1次 水溶液に溶けている物 **4時間**

①5種類の水溶液の違い〈1時間〉
●水溶液を観察し、違いを調べる。

②水溶液に溶けている物〈1時間〉
●水溶液を蒸発させ、何が溶けているか調べる。

③炭酸水に溶けている物〈2時間〉
●蒸発させ何も残らなかった炭酸水には何が溶けているか調べる。

第2次 酸性・中性・アルカリ性の水溶液 **2時間**

①水溶液の液性〈2時間〉

第3次 金属を溶かす水溶液 **5時間**

①塩酸と金属〈1時間〉
②塩酸に溶けた金属〈2時間〉
③金属が溶けた塩酸から取り出した物とまとめ〈2時間〉

より妥当な考えをつくりだす場面では

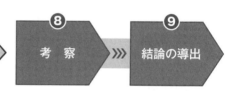

⑧ 考 察　　⑨ 結論の導出

　「見方・考え方」を働かせるためには、「結果の整理」の場面で、実験の3つの試行と結果を表に表し、出てきた泡が気体であり、気体が何なのか実体的に捉えさせる。「考察」では、炭酸水から出た泡が何なのか、石灰水との反応と併せて多面的に話し合わせる。「結論」では、問題の「炭酸水には何が溶けているのだろう」に正対するように結論を導く。

　グループで実験を実施し、多数の結果を得ることで実証性、客観性を担保しながら考察させ、より妥当な考えをつくりだせるようにする。

　炭酸水に気体の二酸化炭素が溶けていることから、二酸化炭素を水に溶かす実験を行えば、質的・実体的な見方が強化できる。

③ 本単元で働かせる見方・考え方について

本単元で「見方・考え方」を働かせるには、「水溶液の性質や働きの違いについて調べる活動」を十分に体験させることがポイント

🔍 見方（物を捉える視点：主として「質的・実体的」な視点で捉える）

水溶液について、水に溶けている物に着目させることで、質的・実体的な見方ができるようにする。

🤔 考え方（思考の枠組み：多面的に調べる活動を通して）

水溶液の性質や働きについて追究する中で、溶けている物による性質や働きの違いについて複数の観察・実験から得た結果を基に、より妥当な考えをつくりだすために多面的に調べて考察する活動を行う。

④ 第1次における見方・考え方に基づいた予想される児童の反応例

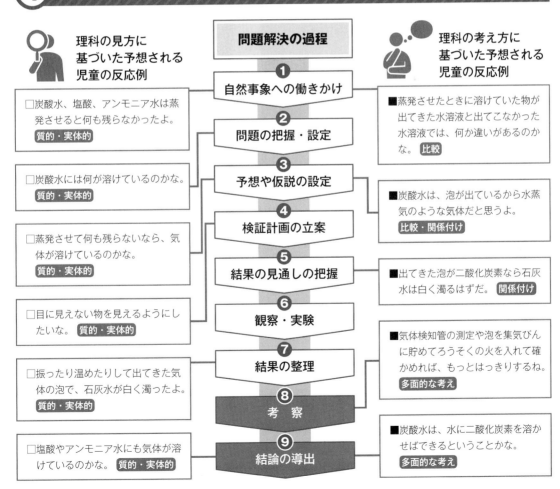

理科の見方に基づいた予想される児童の反応例

□炭酸水、塩酸、アンモニア水は蒸発させると何も残らなかったよ。 質的・実体的

□炭酸水には何が溶けているのかな。 質的・実体的

□蒸発させて何も残らないなら、気体が溶けているのかな。 質的・実体的

□目に見えない物を見えるようにしたいな。 質的・実体的

□振ったり温めたりして出てきた気体の泡で、石灰水が白く濁ったよ。 質的・実体的

□塩酸やアンモニア水にも気体が溶けているのかな。 質的・実体的

問題解決の過程

❶ 自然事象への働きかけ
❷ 問題の把握・設定
❸ 予想や仮説の設定
❹ 検証計画の立案
❺ 結果の見通しの把握
❻ 観察・実験
❼ 結果の整理
❽ 考察
❾ 結論の導出

理科の考え方に基づいた予想される児童の反応例

■蒸発させたときに溶けていた物が出てきた水溶液と出てこなかった水溶液では、何か違いがあるのかな。 比較

■炭酸水は、泡が出ているから水蒸気のような気体だと思うよ。 比較・関係付け

■出てきた泡が二酸化炭素なら石灰水は白く濁るはずだ。 関係付け

■気体検知管の測定や泡を集気びんに貯めてろうそくの火を入れて確かめれば、もっとはっきりするね。 多面的な考え

■炭酸水は、水に二酸化炭素を溶かせばできるということかな。 多面的な考え

6年　Ⓐ物質・エネルギー　Ⓑ生命・地球

127

⑤ 本時の授業の指導のポイント　第1次　3/4時

| 問題解決の過程 | ❶ 自然事象への働きかけ | ❷ 問題の把握・設定 | ❸ 予想や仮説の設定 | ❹ 検証計画の立案 |

❶ 本時の展開

学 習 活 動
□見方に基づいた児童の反応　　・主な児童の反応
■考え方に基づいた児童の反応　○学習活動

インプット（導入）

○実験結果を整理する。
□出てきた泡を集めて石灰水に通したときの変化をよく見よう。（質的・実体的）
■3つの実験とその結果を表にすると、分かりやすいね。（多面的な考え）
○結果を分かりやすく表示する。

実験		結果
・炭酸水を振る。	→	泡が出る。
・炭酸水を温める。	→	泡が出る。
・出てきた泡を石灰水に通す。	→	白く濁る。

アクティブ（展開）

○結果から考えられることを考察する。個人で考えをもたせてから全体で話し合う。
□振ったり温めたりして出てきた気体の泡は、石灰水を白く濁らせたよ。（質的・実体的）
■気体検知管の測定や泡を集気びんに入れてろうそくの火を入れて確かめれば、もっとはっきりするね。（多面的な考え）

アウトプット（まとめ）

○問題に対するより妥当な考えをつくりだす。
・二酸化炭素が溶けていたから炭酸水を蒸発させたら何も残らなかったんだ。
・気体が溶けている水溶液もあるんだ。塩酸やアンモニア水もきっとそうだよ。
○全体で結論を導出する。

【結論】炭酸水には、気体の二酸化炭素が溶けている。

❷ 本時の板書例

結果

班	ふる	あたためる	石灰水
1	あわが出る	あわが出る	白くにごる
2	あわが出る	あわが出る	白くにごる
3	あわが少し出る	あわが少し出る	変化なし
4	あわが出る	あわが出る	白くにごる
5	あわが少し出る	あわが出る	変化なし
6	あわが出る	あわが出る	白くにごる

❸ 考察・結論を導出するポイント①

全班のデータを一覧表にする

実証性や客観性を担保し、妥当な考えをつくりだすために、全班のデータを一覧表にして、傾向を読み取れるようにする。

自分たちの班の結果を黒板に書いて、他の班の結果と比べてみましょう。

「振る」と「温める」の実験結果は、どの班も同じだったね。

石灰水を通す実験は結果が違う班があったので、もう一度やってみようよ。

○炭酸水には何が溶けているかを調べる活動から児童が見方や考え方を働かせ、より妥当な考えをつくりだす場面

❺ 結果の見通しの把握 ＞ ❻ 観察・実験 ＞ ❼ 結果の整理 ＞ ❽ 考　察 ＞ ❾ 結論の導出

考察

・ふったりあたためたりして出てきた気体のあわは、石灰水が白くにごったから二酸化炭素といえる。

・二酸化炭素が溶けていたから炭酸水を蒸発させたら何も残らなかったといえる。

・気体が溶けている水溶液がある。塩酸やアンモニア水も気体が溶けていると考えられる。

結論　炭酸水には、気体の二酸化炭素が溶けている。

＼ここが／ Point!!
結果がすべて、予想通りになるとは限らない。「結果の見通し」と「実際の結果」を比べ、予想や仮説を振り返るための材料とする。また、再実験をして全員で確かめることも大切である。

3班の児童のノート例

〈実験結果〉

実験	結果
・炭酸水をふる。	→ あわが少し出る。
・炭酸水をあたためる。	→ あわが少し出る。
・出てきたあわを石灰水に通す。	→ 変化しない。
（再実験）	→ 変化した。

〈考察〉
自分たちの班の結果は、予想と違って・・・

❹ 考察・結論を導出するポイント②

グループでの話し合い

（問題に対するより妥当な考えを導く）
「予想と照らし合わせながら、実験結果からいえることを考えましょう」と発問し、まずは個人で考えをもたせ、全体で話し合う。

全班の結果からいえることは何ですか。

 3班と5班以外は、集めた泡を石灰水に通すと白く濁っていることから、二酸化炭素だったということがいえます。

 3班と5班の実験を見直すとガラス管が石灰水にちゃんと入っていなかったことがあったようです。出てきた泡をしっかり石灰水に通していなかったことが原因でした。

 再実験をしたらどの班も白く濁ったので、二酸化炭素だと分かりました。

 炭酸水には、気体の二酸化炭素が溶けているということがいえます。

＼ここが／ Point!!
実証性や客観性を担保し、より妥当な考えをつくりだせるように、予想と違った場合は、実験計画や方法を見直したり、予想を再度振り返ったりし、より多くの承認が得られるようにする。

第**6**学年 エネルギー てこの規則性

A 領域(3)

「より妥当な考えをつくりだす場面」で「見方・考え方」を働かせる
授業づくり例

① この単元のねらい

　てこに加える力の位置や大きさに着目して、これらの条件とてこの働きとの関係を多面的に調べる活動を通して、てこの規則性についての理解を図り、観察、実験などに関する技能を身に付けるとともに、主により妥当な考えをつくりだす力や主体的に問題解決しようとする態度を育成する。

② 指導計画（主な学習活動）〈全10時間〉

第1次　てこの働き　4時間

①てこの3つの点〈1時間〉
●棒を使って、重い物を持ち上げる活動を行い、気付いたことを話し合う。

②てこの3つの点と手ごたえ〈3時間〉
●てこの定義を知る。
●支点から力点までの長さ、支点から作用点までの長さを変えて、物を持ち上げるときの手ごたえを調べる。
●力点や作用点の位置を変えたときの手ごたえを調べる。

第2次　てこのつり合いと傾き　3時間

①てこの傾き〈1時間〉
②てこがつり合うときの決まり〈2時間〉

第3次　てこを利用した道具　3時間

①てこの働きを利用した道具〈2時間〉
②てこの働きを利用したものづくり〈1時間〉

より妥当な考えをつくりだす場面では

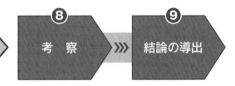

❽ 考　察　≫≫　❾ 結論の導出

　「見方・考え方」を働かせるためには、「より妥当な考えをつくりだす」場面で、自分の仮説と観察・実験の結果とを比較し、自分の仮説が立証されたかを自分自身で判断することが大事である。そのために、問題に対する根拠のある仮説を自分自身の考えを基に設定するとともに、自分の仮説が立証されたときの事象の様子について把握し（結果の見通し）、児童自らが判断できるようにすることが大切である。
　また、より妥当な考えをつくりだす場面では、自分の仮説の妥当性を検討するだけでなく、他の児童の考えについても検討し、多面的に考えることで、だれもが納得する考えを導出していく必要がある。

❸ 本単元で働かせる見方・考え方について

本単元で「見方・考え方」を働かせるには、「てこの規則性について調べる活動」を十分に体験させることがポイント

見方（物を捉える視点：主として「量的・関係的」な視点で捉える）

「てこの規則性」や「てこの働き」を生む要因は、てこの「力を加える位置や力の大きさ」であることに着目させることで、量的・関係的な見方ができるようにする。

考え方（思考の枠組み：多面的に調べる活動を通して）

てこの規則性について追究する中で、力を加える位置や力の大きさとてこの関係について多面的に捉え、より妥当な考えをつくりだす活動を行う。

❹ 第1次における見方・考え方に基づいた予想される児童の反応例

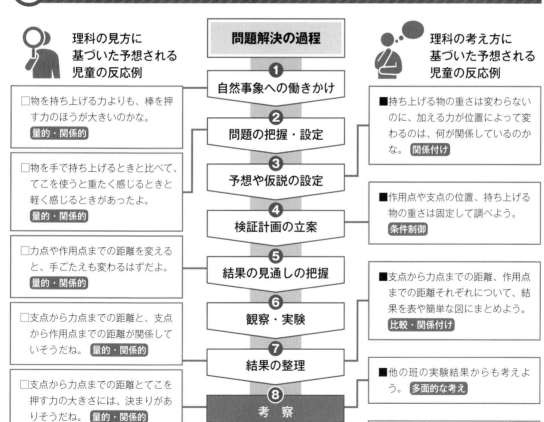

⑤ 本時の授業の指導のポイント 第1次 2/4時

問題解決の過程	❶ 自然事象への働きかけ	❷ 問題の把握・設定	❸ 予想や仮説の設定	❹ 検証計画の立案

❶ 本時の展開

学 習 活 動
□見方に基づいた児童の反応　・主な児童の反応
■考え方に基づいた児童の反応　○学習活動

インプット（導入）

○前時の学習を確認する（問題、仮説、方法、結果の見通し）。

○観察・実験を行う。

■支点から作用点の位置を調べたいので、変えない条件は何だろう。（条件制御）

○結果を整理し、全体で共有する。

□どの班の結果も支点から力点までの距離と、支点から作用点までの距離が関係してそうだね。（量的・関係的）

■他のグループの結果と、同じ結果になっているかな。（比較）

アクティブ（展開）

○自分の仮説と観察・実験の結果を検討し、その妥当性を考察する。

■結果の見通しと、実際の実験結果は合っているかな。（比較）

■自分の班だけでなく、他の班の結果とも比べて、考えよう。（比較、多面的な考え）

アウトプット（まとめ）

○互いの考察について検討し、より妥当な考えをつくりだし、結論を導出する。

■自分の考えだけでなく、友達の考えも取り入れて、より分かりやすい結論を考えよう。（多面的な考え）

■どの友達の考えも自分と共通していたから、自分の仮説は正しかったといえるな。（比較、多面的な考え）

■公園のシーソーに乗る位置がいくつかあったのは、体重が違っている人同士が遊べるようにする工夫なんだね。（多面的な考え）

❷ 本時の板書例

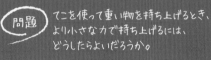

問題　てこを使って重い物を持ち上げるとき、より小さな力で持ち上げるには、どうしたらよいだろうか。

仮説　支点から力点までのきょりとてこを押す力の大きさには、きまりがある。

方法　支点や力点、作用点の位置を変える。

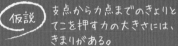

結果の整理

①力点と支点の位置を変える。

	手ごたえ
遠	小さい
近	大きい

②作用点と支点の位置を変える。

	手ごたえ
遠	大きい
近	小さい

❸ 考察・結論を導出するポイント①

結果の見通しと結果の比較

学級全体で結果を共有し、結果の見通しと実際の観察・実験の結果を比較することで、自分の仮説の妥当性の検討へつなげる。

支点から力点までの距離や、支点から作用点までの距離を変化させて、重い物を持ち上げたとき、手ごたえはどのように変わりましたか。

支点から力点までの距離を遠くしたとき、手ごたえが小さくなったよ。

結果の見通しと同じ結果になったので、仮説が合っていたよ。

○てこを使って物をより小さな力で持ち上げる方法を調べる活動から児童が見方や考え方を働かせ、より妥当な考えをつくりだす場面

⑤ 結果の見通しの把握 ＞ ⑥ 観察・実験 ＞ ⑦ 結果の整理 ＞ ⑧ 考 察 ＞ ⑨ 結論の導出

❹ 考察・結論を導出するポイント②

【黒板】

（考察）より小さな力で物を
持ち上げるには
・支点から力点までのきょりを遠くしたとき、
手ごたえが小さくなったから、
自分の仮説は正しい。
・支点から作用点までのきょりを近くしたとき、
手ごたえが小さくなったから、
自分の仮説は正しい。

（結論）
てこを使い、より小さな力で
重い物を持ち上げるには、
支点から力点までのきょりを長く、
支点から作用点までの
きょりを短くすればよい。

「考察」で各自がまとめた考えを基にして、問題に対するクラスの「結論」を話し合いましょう。

グループでの話し合い

どの友達の考えも自分と共通していたから、重い物を持ち上げるとき、支点から力点までの距離を遠くしたり、支点から作用点までの距離を近くしたりするという自分の仮説は正しかったといえるね。

自分の仮説が正しければ、結果はこうなると考えた見通しがあったので、考察が書きやすかったよ。

公園のシーソーに乗る位置がいくつかあったのは、体重が違っている人どうしが遊べるようにする工夫なんだね。

全体での話し合い

てこを利用した道具が身近にたくさんありそうだよ。

\ここが/
Point!!
児童が自分で仮説の妥当性を判断できるように、結果の見通しと結果の整理の場面では、同じ表を用いて表現させることが大切である。

自分の考えた仮説と観察・実験の結果を比べ、自分の仮説が正しいものといえるか考え、発表し合いましょう。

❶結果の見通しで行った表現の仕方と同じやり方で結果を整理する。
❷自分の考えた仮説と観察・実験の結果を比べ、自分の仮説が正しいものといえるか考察する。
❸各自の仮説についての考えを共有する。

\ここが/
Point!!
自分の仮説の妥当性を確認するために、他の児童の考えとの比較を行い、多面的に考えながら、話し合いができるようにする。

6年
Ⓐ 物質・エネルギー
Ⓑ 生命・地球

第**6**学年

エネルギー
電気の利用

A 領域（4）

「より妥当な考えをつくりだす場面」で「見方・考え方」を働かせる
授業づくり例

① この単元のねらい

　電気の量や働きに着目して、それらを多面的に調べる活動を通して、発電や蓄電、電気の変換についての理解を図り、観察、実験などに関する技能を身に付けるとともに、主により妥当な考えをつくりだす力や主体的に問題解決しようとする態度を育成する。

② 指導計画（主な学習活動）〈全8時間〉

第1次　発電と蓄電　　3時間

①身の回りで使われている電気〈1時間〉
●自宅や学校、地域で電気が利用されている様子を話し合う。

②電気の量と働き〈2時間〉
●手回し発電機や光電池で発電した電気を、豆電球やモーターにつなげたときの様子から、電気の働きを調べる。

第2次　電気の変換　　3時間

①電気エネルギーの変換〈1時間〉
●通電した発光ダイオードや身の回りの家電の様子等から、電気が光や音などに変換する様子を調べる。

②豆電球と発光ダイオード〈2時間〉
●豆電球と発光ダイオードに同等に蓄電したコンデンサーをつなぎ、電気の効率的な使用について調べる。

第3次　プログラミングによる電気の利用　　2時間

①電気を利用するプログラム〈2時間〉
●目的に合わせてセンサーを使い、発光ダイオードの点灯を制御するなどのプログラミングを体験し、その仕組みを調べる。

より妥当な考えをつくりだす場面では

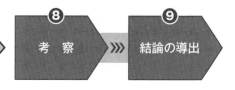

❽ 考　察 ≫≫ ❾ 結論の導出

　「見方・考え方」を働かせるためには、手回し発電機や光電池などを使って発電したり、蓄電器に電気をためたりする体験をさせ、「電気の量」と「動作の様子（量）」を関係的に捉えられるようにすることが大切である。

　「考察」や「結論の導出」では、調べた結果を「電気の量や働き」で表にまとめ、自分の予想を振り返りながら、結果からいえることを個人で自分の考えとしてノートに書かせるなどさせることが大切である。

　その後、自分の考えを基にグループで話し合ってより妥当な考えを導き出し、ホワイトボード等にまとめて発表し、全体で話し合うようにすることが大事である。

③ 本単元で働かせる見方・考え方について

本単元で「見方・考え方」を働かせるには、「発電や蓄電、電気の変換について調べる活動」を十分に体験させることがポイント

 見方（エネルギーを捉える視点：主として「量的・関係的」な視点で捉える）

　発電や蓄電、電気の変換を体験する中で、電気の量や働きに着目させることで、量的・関係的な見方ができるようにする。

考え方（思考の枠組み：多面的に調べる活動を通して）

　電気の性質や働きについて追究する中で、電気の量と働きの関係、発電・電気の変換について多面的に調べ、より妥当な考えをつくりだす活動を行う。

④ 第1次における見方・考え方に基づいた予想される児童の反応例

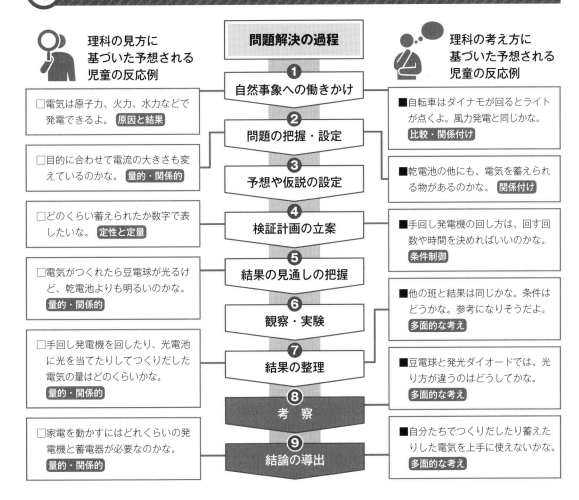

❺ 本時の授業の指導のポイント　第1次　2/3時

| 問題解決の過程 | ➊ 自然事象への働きかけ | ➋ 問題の把握・設定 | ➌ 予想や仮説の設定 | ➍ 検証計画の立案 |

➊ 本時の展開

学 習 活 動
□見方に基づいた児童の反応　・主な児童の反応
■考え方に基づいた児童の反応　○学習活動

インプット（導入）

○前時の確認をする。

○予想や仮説に基づき、実験結果を見通す。

	設定した予想や仮説	結果の見通し
手回し発電機	乾電池と同じ働きをする。	モーターは回る。
		豆電球は点灯する。
	乾電池と違う働きをする。	モーターは回る速さが変わる。
		豆電球は明るさが変わる。
光電池	・・・・	・・・・
		・・・・
	・・・・	・・・・
		・・・・
コンデンサー	・・・・	・・・・
		・・・・
	・・・・	・・・・
		・・・・

アクティブ（展開）

■手回し発電機の回し方や光電池に当てる光の量を変えて、モーターの回り方や豆電球の点灯の様子を調べてみよう。（条件制御）

○実験結果を整理する。

アウトプット（まとめ）

○予想や仮説を振り返って結果から考えられることを考察し、結論を導出する。

■手回し発電機や光電池は、乾電池のつなぎ方と同じように、その回し方や光の当て方によって、電流の大きさを変わらせる働きがあるね。（多面的な考え）

■手回し発電機や光電池でつくった電気も、コンデンサーにためた電気も、モーターを回し、豆電球を点灯させたね。（多面的な考え）

➋ 本時の板書例

問題 つくったりためたりした電気は、かん電池の電気と同じようなはたらきをするのだろうか。

予想や仮説を検証し、問題についての結論を導こう。

予想や仮説を確認しましょう。

	同じ	ちがう
手回し発電機	○人	△人
光電池	○人	△人
コンデンサー	○人	△人

光電池

予想や仮説	結果の見通し
かん電池と同じ	光の当て方を変えても、同じように回ったり点灯したりする。
かん電池とちがう	光をたくさん当てると速く回り、点灯も明るくなる。

予想や仮説が成立するための実験の結果を見通しましょう。

➌ 考察・結論を導出するポイント①

結果の見通しの把握

　児童が設定した予想や仮説に、教師が想定できる予想や仮説も加えて、それらが成立するために必要な実験結果を想定させ、多面的に考察できる基盤を築く。

 「乾電池と同じ働きをしない」の予想が正しいとき、モーターの回り方と豆電球の点灯の様子はどうなるのでしょう。

モーターは速く回らず、豆電球も点灯しないはずだよ。

○手回し発電機の回し方と、モーターの回り方や豆電球の点灯の様子の関係を調べる活動から児童が見方や考え方を働かせ、より妥当な考えをつくりだす場面

❺ 結果の見通しの把握 ▷ ❻ 観察・実験 ▷ ❼ 結果の整理 ▷ ❽ 考　察 ▷ ❾ 結論の導出

実験の結果を整理しましょう。

	手回し発電機を速く回す。	光電池にたくさん光を当てる。
モーター	速く回る。	速く回る。
豆電球	明るく点灯する。	明るく点灯する。

予想や仮説を振り返りましょう。

手回し発電機
・速く回すと電流の大きさが大きくなる。

光電池
・たくさん光を当てると、電流の大きさが大きくなる。

結論を導きましょう。

手回し発電機を速く回したり、光電池にたくさん光を当てたりすると、モーターは速く回り、豆電球は明るく点灯することから、電流の大きさが大きくなる。

コンデンサーを使ったことから、考えをまとめましょう。

手回し発電機や光電池でつくった電気も、かん電池やコンデンサーにためた電気も、モーターを回し、豆電球を点灯させる。

\ここが/
Point!!
同じような予想や仮説が児童から出された場合、教師が異なる予想や仮説を示し、多面的に検証できるようにする。

みんなが設定した予想や仮説以外の、このような予想や仮説が成立する場合の実験結果を見通しましょう。

❶予想や仮説ごとに、それぞれが成立するために必要な実験結果について話し合わせて、見通しを立てさせる。
❷児童が設定しなかった予想や仮説を示し、それについても成立するために必要な実験結果について話し合わせ、見通しを立てさせる。

---

❹ **考察・結論を導出するポイント②**

結論の導出

　整理した実験結果を基に、予想や仮説を振り返って妥当な考えを明らかにした上で、この妥当とした考えを材料にして問題の答えとなる「結論」を導く。

💬 **全体での話し合い**

実験の結果を整理した表から、予想や仮説を振り返り、より妥当な考えを明らかにしましょう。

手回し発電機を速く回すと電流の大きさが大きくなるね。光電池にたくさん光を当てると、電流の大きさが大きくなるよ。コンデンサーも乾電池と同じだったよ。

この３つの考えを材料にして、問題を振り返り、結論をみんなでつくりましょう。

「手回し発電機と光電池でつくった電気やコンデンサーにためた電気は、乾電池の電気と同じ働きをする」を結論としよう。

\ここが/
Point!!
第６学年では、実証性と再現性、客観性を備えた「より妥当な考えをつくりだす」といった問題解決の力を育成することに重点が置かれているため、複数の観察・実験の結果を基に、予想や仮説を振り返って成立するかを見極め、その上で問題を学級全体で振り返って結論を導出できるようにする。

6年 Ⓐ 物質・エネルギー Ⓑ 生命・地球

第6学年

B 領域(1)

生命
人の体のつくりと働き

「より妥当な考えをつくりだす場面」で「見方・考え方」を働かせる
授業づくり例

① この単元のねらい

　体のつくりと呼吸、消化、排出及び循環の働きに着目して、生命を維持する働きを多面的に調べる
活動を通して、人や他の動物の体のつくりと働きについての理解を図り、観察、実験などに関する技
能を身に付けるとともに、主により妥当な考えをつくりだす力や生命を尊重する態度、主体的に問題
解決しようとする態度を育成する。

② 指導計画（主な学習活動）〈全11時間〉

第1次　吸った空気の行方　4時間

①吸う空気とはいた空気の違い〈3時間〉

②呼吸の仕組み〈1時間〉

第2次　血液に取り入れられた酸素の行方　2時間

①血液の循環と働き〈1時間〉

②血管や心臓の役割〈1時間〉

第3次　食べ物の行方　3時間

①食べ物の消化と排出〈1時間〉

②消化・吸収・排出についてのまとめ〈1時間〉

③臓器の役割と消化・吸収・排出〈1時間〉

第4次　命を保つ3つの働き　2時間

① 呼吸、消化・吸収・排出、循環とその
働き〈2時間〉

●体内には生命活動を維持するための様々な臓
器があり、それらの関わり合いや働きについ
て調べる。

より妥当な考えをつくりだす場面では

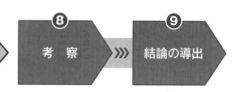

❽
考　察

❾
結論の導出

　第3次までに、呼吸、消化・吸収・排出、
循環について学習し、第4次ではそれらが
相互に関連することで生命が維持されてい
ることを学習する。

　児童の経験上、人と他の動物との比較に
関しては容易にできると考えられるため、
見方について学習の随所で「共通性・多様
性」を意識させていきたい。考え方につい
ては、前段で示したように、第3次までの
各臓器の働きについての学習を踏まえて、
さらに深めていくことが大切である。

　各臓器が血管を通して心臓と結び付き、
それぞれの臓器の働きが関連して生命が維
持されていることについて、より妥当な考
えをつくりだしていくことが大切である。

③ 本単元で働かせる見方・考え方について

本単元で「見方・考え方」を働かせるには、「人や他の動物の体のつくりと生命を維持する働きについて調べる活動」を十分に体験させることがポイント

🔍 見方（物を捉える視点：主として「共通性・多様性」の視点で捉える）

　体のつくりと呼吸、消化・吸収・排出、循環の働きがそれぞれどのように関わっているか着目させることで、共通性・多様性の見方ができるようにする。

🧑 考え方（思考の枠組み：多面的に調べる活動を通して）

　生命の維持に必要な体のつくりと働きについて追究する中で、複数の実験や観察から得た結果を基に、多面的に考えてより妥当な考えをつくりだす活動を行う。

④ 第4次における見方・考え方に基づいた予想される児童の反応例

 理科の見方に基づいた予想される児童の反応例

 理科の考え方に基づいた予想される児童の反応例

問題解決の過程

① 自然事象への働きかけ

□人も他の動物も、呼吸、循環、消化・吸収・排出をして生きているね。 共通性・多様性

■人が生きていくためには、呼吸、循環、消化・吸収・排出がどのように関わり合っているのかな。 関係付け

② 問題の把握・設定

③ 予想や仮説の設定

□人も他の動物も、体のつくりだけでなく、呼吸、循環、消化・吸収・排出という体の働きにも、特徴があったね。 共通性・多様性

■呼吸、循環、消化・吸収・排出という体の働きは、血液を通して関わり合っているのかな。 関係付け

④ 検証計画の立案

⑤ 結果の見通しの把握

□人体模型を使うと、肺・胃・小腸・大腸・肝臓・腎臓の関わりが分かるね。 部分と全体

■養分は、胃・小腸・大腸に入った後、血液に取り入れられていたので、消化・吸収と循環の働きについて考えてみよう。 関係付け

⑥ 観察・実験

⑦ 結果の整理

□調べたことを図や表に整理すると、人の体のつくりとそれぞれの働き、人の体のつくり全体の働きが分かるね。 部分と全体

■人と他の動物の体のつくりや働きで、生きていくために必要な同じ点と違う点はどこかな。 比較 多面的な考え

⑧ 考察

⑨ 結論の導出

□人と他の動物の体のつくりや働きには、それぞれの特徴があるね。 共通性・多様性

■様々な考えを参考にして、結論を考えよう。 多面的な考え

6年　Ⓐ物質・エネルギー　Ⓑ生命・地球

⑤ 本時の授業の指導のポイント 第4次 1/2時

問題解決の過程	❶ 自然事象への働きかけ	❷ 問題の把握・設定	❸ 予想や仮説の設定	❹ 検証計画の立案

❶ 本時の展開

	学 習 活 動 □見方に基づいた児童の反応　・主な児童の反応 ■考え方に基づいた児童の反応　○学習活動
インプット（導入）	○前時までの学習を基に振り返り、観察・実験の結果を確認する。 □動物も、人と同じ体のつくりや働きをもっているものがあるね。（共通性・多様性） ■血液の流れで臓器をつないでいくと、人と他の動物との同じところや違うところが見えてくるよ。（比較・関係付け）
アクティブ（展開）	○観察・実験の結果を基に、予想や仮説を振り返る。 □人と他の動物の体のつくりや働きは、それぞれ同じところや違うところがあるよ。（共通性・多様性） ■人も他の動物も血管を通して臓器同士が関わり合って、命が保たれているね。（関係付け、多面的な考え）
アウトプット（まとめ）	○結果から考えられることを考察し、問題の答えとなる結論を導出する。 □人と他の動物は、体のつくりや働きにおいて、同じところと違うところがあるよ。（共通性・多様性） ■人も他の動物も、体のつくりとなる心臓・肺・胃・小腸・大腸・肝臓・腎臓、そして血液などの働きにより生きていくことができるね。（関係付け、多面的な考え） 【結論】体の中には、消化・吸収・排出や呼吸、血液の循環などの働きを行う様々な臓器がある。臓器が互いに関わり合いながら働いて、命が保たれている。

❷ 本時の板書例

問題 人の体の中で、呼吸、血液のじゅんかん、消化・吸収・排出のはたらきは、どのように関わっているのだろうか。

観察・実験の結果
・呼吸 → 酸素を体に取り入れ、二酸化炭素を出す。肺。
・血液のじゅんかん → 血液が全身をめぐる。肺と心臓。
・消化・吸収・排出 → 食べものは消化され、吸収される。吸収されたら、たくわえられるものもある。必要がなくなったものは排出される。胃・小腸・大腸・かん臓・じん臓・ぼうこう。

考察
予想や仮説の確認
・自分の予想や仮説を振り返り考える。

❸ 考察・結論を導出するポイント①

考察

　観察・実験の結果や調べたことを基に、自分の予想や仮説を振り返る。

 観察や実験、調べたことの結果を基に、自分の予想や仮説を振り返りましょう。

 酸素や二酸化炭素を運ぶには、心臓の拍動が必要です。だから心臓はいつも動いています。

 予想や仮説の通り、血液には、酸素や養分などの体に必要なものや、不要なものを運ぶ働きがあります。

 人だけでなく、他の動物も臓器同士が関わり合って、命は保たれています。

○人や動物が命を維持するために、呼吸、消化・吸収・排出、循環の関わりを調べる活動から児童が
　見方や考え方を働かせ、より妥当な考えをつくりだす場面

```
❺ 結果の見通しの    ❻ 観察・実験    ❼ 結果の整理    ❽ 考　察    ❾ 結論の導出
   把握
```

❹ 考察・結論を導出するポイント②

・体で使う酸素を肺から送り、出された
　二酸化炭素を肺に送り返すには、
　心臓のはく動が必要である。

・予想・仮説の通り、養分も血液によって運ばれて
　いた。血液には、酸素や養分などの体に必要な
　ものや、不要なものを運ぶはたらきがある。

・予想・仮説は正しかった。
　臓器どうしが関わり合って、命は保たれている。

・人も他の動物も臓器のはたらきによって、
　命が保たれている。

結論　体の中には、いろいろな臓器が
　　　ある。臓器が関わり合って、
　　　私たちの命は保たれている。

考察を基に、学級全体で問題に対しての
答えである結論を出していきましょう。

💬 全体での話し合い

体の中には、消化・吸収・排出や呼吸、
血液の循環などの働きを行う様々な臓器
があります。それぞれの臓器は互いに関
わり合いながら働いて、命が保たれてい
ます。

人も他の動物も、臓器同士が関わり合っ
て命が保たれているのは同じです。

人も他の動物も食べ物を消化し吸収して
います。人と他の動物では食べ物が違う
から、消化管の仕組みも違うのかな。

他の動物の体のつくりや働きをもっと詳
しく調べてみたいな。昆虫も同じなのか
な。

\ここが/
Point!!
考察する際は、自分が立てた予想や仮説
に立ち返らせることが大切である。結果
と予想や仮説が一致しなかった場合は、
どこに原因があるか考えさせ、予想や仮
説の根拠の修正も必要となる。

❶自分の立てた予想や仮説に立ち返る。
❷観察や実験の結果を基に、予想や仮説
　と比べ確認する（予想や仮説と実験結
　果の一致・不一致）。
❸予想や仮説と実験結果が不一致の場合
　は、その原因を考え、予想や仮説の根
　拠の修正も考える。
❹❷を学級全体で共有し、学級全体の結
　論へとつなげる。

\ここが/
Point!!
より妥当な考えである結論を導出する場面
では、命を保つには、学習した各臓器のつ
ながりを、児童に改めて意識させていく必
要がある。その際、内臓の人体模型や血液
でつながっている内臓の各臓器を示した模
式図を活用するとよい。

第6学年

B 領域(2)

生命
植物の養分と水の通り道

「より妥当な考えをつくりだす場面」で「見方・考え方」を働かせる
授業づくり例

① この単元のねらい

　植物の体のつくりと体内の水などの行方や葉で養分をつくる働きに着目して、生命を維持する働きを多面的に調べる活動を通して、植物の体のつくりと働きについての理解を図り、観察、実験などに関する技能を身に付けるとともに、主により妥当な考えをつくりだす力や生命を尊重する態度、主体的に問題解決しようとする態度を育成する。

② 指導計画（主な学習活動）〈全10時間〉

第1次　植物の成長と日光の関わり　5時間

①日光と葉のデンプン〈1時間〉
- ●日光が植物の成長にどのように関わっているかを話し合う。

②デンプン反応を調べる実験〈2時間〉
- ●デンプン反応について条件制御を考えながら実験計画を立てる。
- ●デンプン反応についての実験を行い、結果をまとめる。

③デンプン反応の考察と結論〈2時間〉
- ●葉に日光が当たると、デンプンができて植物の成長に使われるという結論を導く。

第2次　植物の成長と水の関わり　5時間

①根から取り入れられた水〈1時間〉
②植物の体と水の通り道〈1時間〉
③葉まで行き渡った水〈1時間〉
④葉の表面の観察と蒸散〈2時間〉

より妥当な考えをつくりだす場面では

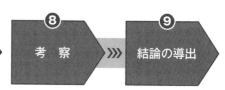

⑧ 考察　⑨ 結論の導出

　本単元では、児童が今まで栽培してきた植物の経験を想起させることにより、生命における共通性・多様性の「見方・考え方」を働かせることが大事である。

　養分としてのデンプンの存在は、植物の違いはあっても成長に欠かせないという点で生命領域における共通性・多様性の視点を端的に示している。また、本単元を通して形成されていく考え方については、条件制御の考えを基にして、問題を解決していく過程を通して植物の成長に必要な要因についての考えを働かせていくことになる。

　植物の成長について、より妥当な考えをつくりだしていくためには、実験計画における教師の指導や、児童の発言・行動観察をこまめに行っていくことが大切である。

❸ 本単元で働かせる見方・考え方について

本単元で「見方・考え方」を働かせるには、「植物の体のつくりと生命を維持する働きについて調べる活動」を十分に体験させることがポイント

🔍 見方（物を捉える視点：主として「共通性・多様性」の視点で捉える）

植物の体のつくり、体内の水などの行方及び葉で養分をつくる働きに着目させることで、共通性・多様性の見方ができるようにする。

🔬 考え方（思考の枠組み：多面的に調べる活動を通して）

植物の体のつくりと働きについて追究する中で、仮説や実験・観察計画、複数の実験や観察から得た結果を基に、多面的に考えてより妥当な考えをつくりだす活動を行う。

❹ 第1次における見方・考え方に基づいた予想される児童の反応例

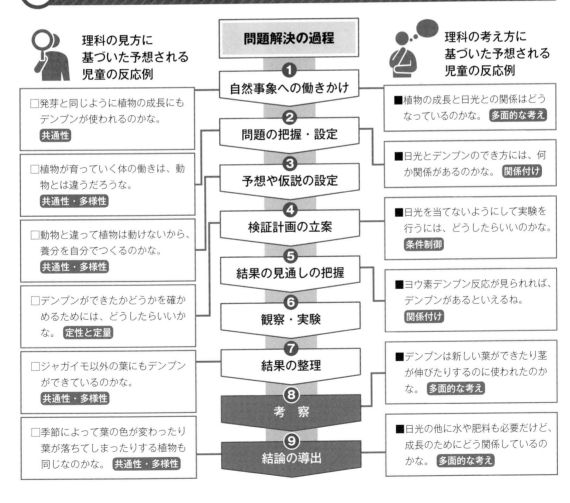

❺ 本時の授業の指導のポイント　第1次　4/5時

| 問題解決の過程 | ❶ 自然事象への働きかけ | ❷ 問題の把握・設定 | ❸ 予想や仮説の設定 | ❹ 検証計画の立案 |

❶ 本時の展開

学 習 活 動
□見方に基づいた児童の反応　・主な児童の反応
■考え方に基づいた児童の反応　○学習活動

インプット（導入）

○前時での学習を確認する。

○朝準備をして日光に当てた葉にデンプンがあるか調べる。

○実験の結果を整理する。

□実験した葉以外の葉も、日光に当たるとヨウ素液に反応するのかな。（部分と全体）

■日光に当たった葉のほうは、ヨウ素液につけると染まった。（関係付け）

アクティブ（展開）

○実験結果を基に、予想や仮説を振り返り、考えられることを考察する。

□ジャガイモと同じように、植物は葉で自分から養分となるデンプンをつくりだしているのかな。（共通性・多様性）

□葉の働きは分かったけど、根や茎はどんな働きをしているのかな。（部分と全体）

■仮説通り、デンプンができるには日光が必要だよ。（関係付け）

■デンプンは新しい葉ができたり茎が伸びたりするのに使われたのかな。（多面的な考え）

アウトプット（まとめ）

□サクラやイチョウのように、葉の色が変わってもデンプンはつくられているのかな。（共通性・多様性）

■葉でできたデンプンはどのようなものなのかな。取り出すことができるのかな。（多面的な考え）

○全体で結論を導出する。

【結論】植物の葉に日光が当たると、葉にデンプン（養分）ができる。

❷ 本時の板書例

問題 植物の葉に日光が当たると、葉にデンプンができるのだろうか。

実験
・実験の前の日から日光に当たらないようにしたジャガイモの葉を3枚使う。
・日光に当たらないように条件をそろえる。ヨウ素液につける。

結果
・日光に当たった葉だけが、青むらさき色に染まった。

考察
予想や仮説の確認
・自分の予想や仮説を振り返り考える。

❸ 考察・結論を導出するポイント①

考察

実験の結果を基に自分の予想や仮説を確認する。

実験の結果を基に、自分の予想や仮説を確認しましょう。

青紫色に変わった葉にはデンプンができている。色が変わらない葉にはデンプンができなかった。

仮説通り、実験からデンプンができたかどうかが分かった。葉にデンプンができるためには日光が必要だよ。

仮説が正しかった。葉は日光に当たるとデンプンができる。

○デンプンの反応を調べる実験の結果から児童が見方や考え方を働かせ、より妥当な考えをつくりだす場面

❺ 結果の見通しの把握 ＞ ❻ 観察・実験 ＞ ❼ 結果の整理 ＞ ❽ 考 察 ＞ ❾ 結論の導出

❹ 考察・結論を導出するポイント②

 考察を基に、学級全体で問題に対しての答えである結論を出していきましょう。

全体での話し合い

・葉全体が青むらさき色に染まったので、葉にデンプンができた。

・ヨウ素液につけると、色が変わる葉と変わらない葉があった。この差はデンプンがあるかないかになる。

・葉の色が変わらない葉には、デンプンができていない。

・仮説通り、実験からデンプンができたかどうかがわかった。葉にデンプンができるためには、日光が必要である。

・仮説が正しかった。葉は日光に当たるとデンプンができる。

結論 植物の葉に日光が当たると、葉にデンプン（養分）ができる。

植物の葉に日光が当たると、葉にデンプンができる。デンプンは成長の養分となる。

どんな仕組みでデンプンはできて、成長にどう使われるのかな。

成長に使われるデンプンを見たい。取り出すことはできるのかな。

\ここが/

Point!!
考察する際は、実験結果と予想や仮説を確認させる。結果と予想や仮説が一致しなかった場合は、どこに原因があるか考えさせ、予想や仮説の修正も必要となる。

❶自分の立てた予想や仮説に立ち返る。
❷実験結果を基に、予想や仮説と比べ確認する（予想や仮説と実験結果の一致・不一致）。
❸予想や仮説と実験結果が不一致の場合は、その原因を考え、予想や仮説の修正も考える。
❹❷を学級全体で共有し、学級全体の結論へとつなげる。

\ここが/
Point!!
養分としてのデンプンの生成についての結論を導出する場面では、見えないデンプンの正体を見たいという児童の追究が生じる。中学校での光合成の学習につなげ、より妥当な考えをつくりだしていくためにも、次時にデンプンの取り出し実験を経験させる。

6年

Ⓐ 物質・エネルギー

Ⓑ 生命・地球

第**6**学年

生命
生物と環境

Ⓑ 領域 (3)

「より妥当な考えをつくりだす場面」で「見方・考え方」を働かせる授業づくり例

① この単元のねらい

　生物と水、空気及び食べ物との関わりに着目して、それらを多面的に調べる活動を通して、生物と持続可能な環境との関わりについて理解を図り、観察、実験などに関する技能を身に付けるとともに、主により妥当な考えをつくりだす力や生命を尊重する態度、主体的に問題解決しようとする態度を育成する。

② 指導計画（主な学習活動）〈全14時間〉

第1次　生物同士の関わり 6時間

①食べ物を通した生物同士の関わり
〈2時間〉
- ●メダカの食べ物を調べることを通して、それぞれの動物がどのような物を食べているか話し合う。

②空気を通した生物同士の関わり
〈2時間〉
- ●植物が出し入れする気体について調べる。

③水と生物との関わり〈2時間〉
- ●水と生物との関わりについて、これまでの学習や調べる活動を結び付けて考える。

第2次　生物と地球環境 8時間

①生物と環境（水・空気・他の生物）との関わり〈3時間〉

②地球環境を守る〈5時間〉

より妥当な考えをつくりだす場面では

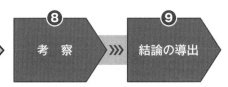

❽ 考　察 ≫≫ ❾ 結論の導出

　この場面では、自分が既にもっている考えを検討し、より科学的なものに変容させていくことを意識し、指導することが大切である。結論を導き出す際には、児童自ら「見方・考え方」を働かせ、これまで学んできたこと、複数の観察・実験を結び付けていく姿を見付け、価値付けていきたい。

　そのために、観察・実験の結果を共有した後に、予想・仮説を振り返る場を設定することで、植物と空気との関わりについてより妥当な考えをつくりだしていくことができる。

　また、これまでの学習と、観察・実験を結び付ける際には、植物と空気の関係を図等で整理し表現する活動を通して、植物と空気の関係を多面的に捉えられるようにしたい。

❸ 本単元で働かせる見方・考え方について

本単元で「見方・考え方」を働かせるには、「生物と持続可能な環境との関わりについて調べる活動」を十分に体験させることがポイント

🔍 見方（物を捉える視点：主として「共通性・多様性」の視点で捉える）

　生物と水、空気及び食べ物との関わりや人と環境との関わりについて着目させることで、共通性・多様性の見方ができるようにする。

考え方（思考の枠組み：多面的に調べる活動を通して）

　動物や植物の生活や人と環境との関わりについて複数の観察・実験や資料を活用し、多面的に考えること通して、より妥当な考えをつくりだす活動を行う。

❹ 第1次における見方・考え方に基づいた予想される児童の反応例

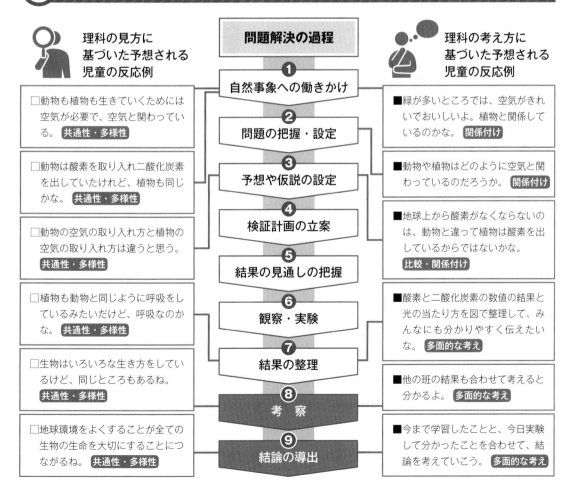

147

❺ 本時の授業の指導のポイント　第1次　3/6時

| 問題解決の過程 | ❶ 自然事象への働きかけ | ❷ 問題の把握・設定 | ❸ 予想や仮説の設定 | ❹ 検証計画の立案 |

❶ 本時の展開

学 習 活 動
□見方に基づいた児童の反応　・主な児童の反応
■考え方に基づいた児童の反応　○学習活動

インプット（導入）

○物が燃えるときや動物の呼吸を思い出し、植物と空気の関わりについての問題を見いだす。

■動物が呼吸するときや物が燃えるときは、酸素を使って二酸化炭素を出していたね。植物も同じかな。（比較）

□動物も植物も酸素を使って二酸化炭素を出していたら、空気から酸素がなくなってしまうのではないかな。（原因と結果）

□植物は酸素を出しているのではないかな。（多様性）

【問題】植物は空気とどのように関わっているのだろうか。

○植物と空気の関わりについて予想をする。

アクティブ（展開）

○植物と空気の関わりを調べる実験計画を立てる。

■日光が当たっているときと、当たっていないときを比較して実験すれば、予想を確かめられるね。（比較）

○計画に沿って実験を行う。

○実験結果を整理する。

■日光が当たっているときと、当たっていないときでは、酸素と二酸化炭素の量の変化の仕方が違うね。（比較）

アウトプット（まとめ）

○結果から考えられることを考察する。

・植物が酸素を出しているから、空気中の酸素はなくならないんだね。

■動物の呼吸や植物の空気のやりとりを図で表してみると、空気の関わりが分かるね。（多面的な考え）

○結論を導出する。

❷ 本時の板書例

❸ 考察・結論を導出するポイント①

予想・仮説を振り返る

予想・仮説を振り返り、実験結果と照らし合わせて、どのようなことがいえるか考えさせる。

仮説と実験結果を照らし合わせてみると、どのようなことがいえますか。

日光が当たっていないときは、動物と同じ空気のやりとりといえるね。

日光が当たっているときは、動物とは反対のやりとりだよ。

仮説と同じで、空気中の酸素がなくならないのは、植物が酸素を出しているからだといえそうだね。

○植物と空気の関わりを調べる活動から児童が見方や考え方を働かせ、より妥当な考えをつくりだす場面

❺ 結果の見通しの把握 ＞ ❻ 観察・実験 ＞ ❼ 結果の整理 ＞ ❽ 考　察 ＞ ❾ 結論の導出

❹ 考察・結論を導出するポイント②

 これまで学習したことや実験したことを合わせて考えましょう。

グループでの話し合い

植物と空気の関わりだけでなく、動物の呼吸も合わせてみるといいよ。

これまで分かったことを図にして表してみると話し合いやすいね。

動物の呼吸と植物と空気の関わりは、どちらも関係があると思うよ。

 グループでまとめたことからどのようなことがいえますか。

全体での話し合い

動物が呼吸したり、物が燃えたりしたときには酸素を使って二酸化炭素を出しますが、植物は日光が当たると二酸化炭素を使って酸素を出します。

結び付けて考えると、空気のやりとりは動物も植物も関わって、バランスがとれているのかな。

\ここが/
Point!!

今回実験したことだけでなく、これまで学習したことを結び付けて考えていくことで空気の関わりについて多面的に捉え、より妥当な考えをつくりだすようにする。

\ここが/
Point!!

結論を導き出す前に、予想・仮説にもう一度戻り、実験結果からどのようなことがいえるのか考察し、話し合うことが大切である。

考察をする前に、一度自分の考えた仮説を振り返りましょう。

❶どのような予想・仮説を書いたか、自分のノートを振り返るように促す。

❷板書の実験結果で共有したことを確認する。

❸❶、❷を照らし合わせ、どのようなことがいえるか記述させる。

❹記述したことを発言させる。

B 領域（4）

地球
土地のつくりと変化

「より妥当な考えをつくりだす場面」で「見方・考え方」を働かせる
授業づくり例

① この単元のねらい

　土地やその中に含まれている物に着目して、土地のつくりやでき方を多面的に調べる活動を通して、土地のつくりや変化についての理解を図り、観察、実験などに関する技能を身に付けるとともに、主により妥当な考えをつくりだす力や主体的に問題解決しようとする態度を育成する。

② 指導計画（主な学習活動）〈全11時間〉

第1次　土地をつくっている物　　4時間

①土地をつくっている物〈4時間〉

第2次　地層のでき方　　5時間

①地層のでき方〈1時間〉
●経験したことや学んだことから地層のでき方を予想する。

②流れる水の働きによる地層のでき方〈2時間〉
●流れる水の働きと地層のでき方の関係を調べる。

③火山の働きによる地層のでき方〈2時間〉
●火山の働きと地層のでき方の関係を調べる。

第3次　土地の変化　　2時間

①火山活動による土地の変化〈1時間〉
②地震による土地の変化〈1時間〉

より妥当な考えをつくりだす場面では

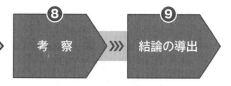

❽ 考　察　　　❾ 結論の導出

　「見方・考え方」を働かせるために、「考察」の場面で、結果と観察した実際の地層や写真とを関連させて考えることが大事である。そして、見方・考え方の視点を自ら見付けだすために、第5学年「流れる水の働きと土地の変化」などで学習したことと関連させ、地層がつくられる時間的な広がりや、空間的な広がりを捉えさせることが大切である。

　考察を行う際に、予想や他のグループの実験結果と比べ、多面的に考えることによって、より妥当な考えをつくりだす学習が行える。

　本時の詳しい学習活動の展開例について、板書を中心に指導ポイントを参照するとよい。

❸ 本単元で働かせる見方・考え方について

本単元で「見方・考え方」を働かせるには、「土地のつくりや変化について調べる活動」を十分に体験させることがポイント

見方（物を捉える視点：主として「時間的・空間的」な視点で捉える）

土地のつくりと変化について、土地やその中に含まれる物に着目させることで、時間的・空間的な見方ができるようにする。

考え方（思考の枠組み：多面的に調べる活動を通して）

土地のつくりやでき方について追究する中で、予想や調べた結果を基に多面的に考え、より妥当な考えをつくりだすために話し合う活動を行う。

❹ 第2次における見方・考え方に基づいた予想される児童の反応例

理科の見方に基づいた予想される児童の反応例

理科の考え方に基づいた予想される児童の反応例

問題解決の過程

❶ 自然事象への働きかけ

❷ 問題の把握・設定

❸ 予想や仮説の設定

❹ 検証計画の立案

❺ 結果の見通しの把握

❻ 観察・実験

❼ 結果の整理

❽ 考察

❾ 結論の導出

□どれだけ長い時間をかけたら地層はできるのかな。時間的・空間的

□何度も土砂が流されてきて、地層ができるのかな。時間的・空間的

□しま模様が奥まで続いているから、平らに積もっていくよ。時間的・空間的

□何度も繰り返すことで、地層のような模様ができているね。時間的・空間的

□何回やっても土の粒の大きさによってきれいに分かれているよ。時間的・空間的

□角張った石が含まれる層が時々あるのは、何の働きでできたのかな。時間的・空間的

■地面の下にはどこにでも地層があるのかな。関係付け

■角の丸くなった石が地層に見られたよ。流れる水の働きが関係しているのかな。関係付け

■川や海などを何かに見立てて時間を空けて土に水を流すには、どうしたらよいかな。条件制御

■自分たちの記録と他の班の記録を比べてみよう。比較・関係付け

■地層のでき方には決まりがありそうだよ。多面的な考え

■斜めの地層はどうやってできたのかな。多面的な考え

⑤ 本時の授業の指導のポイント 第2次 2/5時

問題解決の過程	❶ 自然事象への働きかけ	❷ 問題の把握・設定	❸ 予想や仮説の設定	❹ 検証計画の立案

❶ 本時の展開

学 習 活 動
□見方に基づいた児童の反応　・主な児童の反応
■考え方に基づいた児童の反応　○学習活動

インプット（導入）

○実験の結果を整理する。
□数回に分けて土砂を流したら、しま模様のようになったよ。（時間的・空間的）
■写真で見た地層のような模様になっていたね。（比較・関係付け）

アクティブ（展開）

○実験結果と実際の地層を比べて、分かることを話し合う。
■結果も実際の地層と同じように粒の大きさごとに分かれて層になったよ。（比較・関係付け）
■水があるから粒の大きさごとに分けられるんだね。（関係付け）
□実際は、一度にこんなにたくさんの土砂が流れてくることはないから、長い時間がかかるだろうね。（時間的・空間的）
○個人で考察する。

> **考察**
> 自分の予想では、流れる水の働きで土砂が粒の大きさごとに分けられて、地層ができると考えた。
> 実験結果は、予想通り土砂が粒の大きさごとに分けられた。実際の地層のように、しま模様ができた。
> つまり、地層は流れる水の働きによってできると考えられる。

アウトプット（まとめ）

○班で話し合い、より妥当な考えをつくりだす。
■自分の考えを基に、友達の考えを聞いてもっとよりよい考えにしていこう。（多面的な考え）
○全体で結論を導出する。

【結論】地層は、流れる水の働きによってできる。

❷ 本時の板書例

問題　地層は、どのようにできるのだろうか。

結果と実際の地層を比べてわかること

・つぶの大きさごとに分かれている。
・水でつぶが分けられた。
・川と海の間の様子になっている。
・たくさんの土砂が運ばれるには時間がかかる。

考察
結果から考えられることを
自分の言葉で文章にしましょう。

❸ 考察・結論を導出するポイント①

考察

実験結果と実際の地層を比べさせる。

実験結果と実際の地層を比べて分かることを発表しましょう。

粒の大きさごとに分かれて層になっているね。

実際の川と海の間の様子に似ているね。

実験のようにたくさんの土砂が運ばれるには時間がかかりそうだね。

○堆積実験の結果から児童が見方や考え方を働かせ、より妥当な考えをつくりだす場面

❺ 結果の見通しの把握 ＞ **❻** 観察・実験 ＞ **❼** 結果の整理 ＞ **❽** 考　察 ＞ **❾** 結論の導出

④ 考察・結論を導出するポイント②

 みなさんの考察を基にして、よりよい結論を出していきましょう。

 グループでの話し合い

粒の大きさが分かれて層になるというのは、みんな共通した考えだね。

流れる水の働きがあるから、粒の大きさが分かれるということかな。

班の考察

結果を見ると反対側でも同じように層になっていたので、広いはんいで地層ができると思う。

大雨などで何年かに一度、たくさんの土砂が運ばれると地層ができると思う。

結果は粒の大きさごとに分かれて層になっていたので、流れる水の働きが関係していると思う。

結論　地層は、流れる水のはたらきによってできる。

 問題を振り返って結論をみんなでつくりましょう。

全体での話し合い

どのグループも同じような考察をしているね。

つまり、流れる水の働きが地層をつくっているといえるね。

\ここが/

Point!!
モデル実験は、どのような場面を再現したかを意識して考察させることが大切である。

 実験結果から考察をしましょう。

粒の大きさごとに分かれて層になったから、流れる水の働きによってできると考えられるよ。

❶実験結果はどのようになったか確認し、自分の立てた予想と比べる。
❷結果と実際の場面を結び付けて考え、分析する。
❸自分で問題に対する答えを考え、学級全体で話し合って結論を導出する。

\ここが/
Point!!
共通点に着目しながら整理し、結論を1つにまとめていく話し合いができるようにする。

6年 Ⓐ物質・エネルギー Ⓑ生命・地球

地球
月と太陽

第**6**学年

Ⓑ 領域（5）

「より妥当な考えをつくりだす場面」で「見方・考え方」を働かせる
授業づくり例

① この単元のねらい

　月と太陽の位置に着目して、これらの位置関係を多面的に調べる活動を通して、月の形の見え方と月と太陽の位置関係についての理解を図り、観察、実験などに関する技能を身に付けるとともに、主により妥当な考えをつくりだす力や主体的に問題解決しようとする態度を育成する。

② 指導計画（主な学習活動）〈全7時間〉

第1次　月の形とその変化 7時間

①月の表面と形の変化〈3時間〉

●写真や望遠鏡で月の表面を観察する。

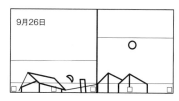

9月26日

●月の形と太陽との位置関係を観察する。
●月の位置の変化と形の変化から問題を見いだす。

②月の形の見え方〈4時間〉

●月の形の見え方を、モデルを使って再現する。

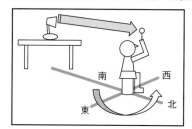

●実験結果をまとめる。
●月の形の変わる様子をシミュレーションで調べる。
●月や宇宙のことをより詳しく調べる。

より妥当な考えをつくりだす場面では

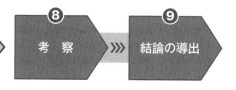

⑧考察 》》》 ⑨結論の導出

　「見方・考え方」を働かせるために、「結果の整理」の場面では、これまでに学習した太陽・月・星の位置の変化を思い出させることが必要である。時間的・空間的な見方ができるように、実験で設定する方位や時間帯を明確にし、何を見ているのかを捉えさせることが大切である。

　「考察」の場面では、月の形の見え方と、そのときの太陽との離れ具合から、何がいえるのかを示す必要がある。

　「結論の導出」では、最初につくった問題に正対するように文言を考える必要がある。また、時間がたつと何が変わっていくのか、何に関係付けてそうなるのかを明確にすることが大切である。

③ 本単元で働かせる見方・考え方について

本単元で「見方・考え方」を働かせるには、「月の形の見え方と月と太陽の位置関係について調べる活動」を十分に体験させることがポイント

見方（物を捉える視点：主として「時間的・空間的」な視点で捉える）

　月の形の見え方について、月と太陽の位置に着目させることで、時間的・空間的な見方ができるようにする。

考え方（思考の枠組み：多面的に調べる活動を通して）

　月の形の見え方と太陽の位置関係について追究する中で、実際に観察したり、モデルや図で表したりして多面的に調べ、より妥当な考えをつくりだす活動を行う。

④ 第1次における見方・考え方に基づいた予想される児童の反応例

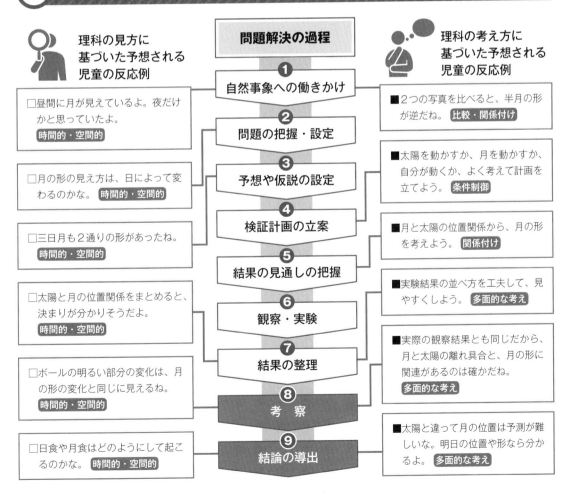

理科の見方に基づいた予想される児童の反応例

□昼間に月が見えているよ。夜だけかと思っていたよ。 時間的・空間的

□月の形の見え方は、日によって変わるのかな。 時間的・空間的

□三日月も2通りの形があったね。 時間的・空間的

□太陽と月の位置関係をまとめると、決まりが分かりそうだよ。 時間的・空間的

□ボールの明るい部分の変化は、月の形の変化と同じに見えるね。 時間的・空間的

□日食や月食はどのようにして起こるのかな。 時間的・空間的

問題解決の過程
① 自然事象への働きかけ
② 問題の把握・設定
③ 予想や仮説の設定
④ 検証計画の立案
⑤ 結果の見通しの把握
⑥ 観察・実験
⑦ 結果の整理
⑧ 考察
⑨ 結論の導出

理科の考え方に基づいた予想される児童の反応例

■2つの写真を比べると、半月の形が逆だね。 比較・関係付け

■太陽を動かすか、月を動かすか、自分が動くか、よく考えて計画を立てよう。 条件制御

■月と太陽の位置関係から、月の形を考えよう。 関係付け

■実験結果の並べ方を工夫して、見やすくしよう。 多面的な考え

■実際の観察結果とも同じだから、月と太陽の離れ具合と、月の形に関連があるのは確かだね。 多面的な考え

■太陽と違って月の位置は予測が難しいな。明日の位置や形なら分かるよ。 多面的な考え

⑤ 本時の授業の指導のポイント　第1次　4/7時

問題解決の過程	① 自然事象への働きかけ	② 問題の把握・設定	③ 予想や仮説の設定	④ 検証計画の立案

① 本時の展開

	学習活動
	□見方に基づいた児童の反応　　・主な児童の反応 ■考え方に基づいた児童の反応　○学習活動
インプット（導入）	○実験結果を整理する。 ■班ごとのボールのスケッチを電灯から離れた順に並べてみよう。（多面的な考え） □地球に見立てた場所を中心にすると分かりやすいね。（時間的・空間的）
アクティブ（展開）	○実験結果から分かったことを考察する。 □電灯は太陽で、ボールは月だから、離れ具合で月の見え方が変わるね。（時間的・空間的） □離れ具合が変わるのは、時間がたつからだよね。（時間的・空間的） ■実際の観察結果とも同じだから、月と太陽の離れ具合と、月の形に関連があるのは確かだね。（多面的な考え） ○太陽と地球、月の実際の大きさやお互いの距離を知る。 □地球と月はかなり近いけれど、地球と太陽ってすごく遠いね。（時間的・空間的） ○問題に対するより妥当な考えをつくりだす。 □月の形の見え方は、輝いている部分の形が変化するため起こる。（時間的・空間的） □見え方が変化するのは、地球から見て月と太陽の離れ具合に関係しているようだな。（時間的・空間的）
アウトプット（まとめ）	○全体で結論を導出する。 【結論】月の輝いている側に太陽がある。月の形が日によって変わって見えるのは、月と太陽の位置関係が変わるからである。

② 本時の板書例

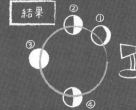

③ 考察・結論を導出するポイント①

考察につながる場面

月、地球、太陽の大きさや距離感などスケールを知り、結果の整理を丁寧に行う。

月をビーズ、地球をビー玉、太陽を大玉の大きさとして距離を体験してみましょう。

太陽ってこんなに大きいんだ！

月は光の速さで1秒か。太陽は8分かかるよね。

太陽ってこんなに遠いんだね。そうしたら光が斜めに当たることがないね。

○月の形の見え方の実験結果を整理し、考察する活動から児童が見方や考え方を働かせ、より妥当な
考えをつくりだす場面

⑤ 結果の見通しの把握 ＞ **⑥** 観察・実験 ＞ **⑦** 結果の整理 ＞ **⑧** 考　察 ＞ **⑨** 結論の導出

❹ 考察・結論を導出するポイント②

考察
・月の形の見え方は、かがやいている部分の
形が変化するために起こる。
・見え方が変化するのは、地球から見て
月と太陽のはなれ具合に関係している。

結論
・月のかがやいている側に太陽がある。
・月の形が日によって変わって見えるのは、
月と太陽の位置関係が変わるからである。

\ここが/
Point!!
太陽に見立てた電灯や、月に見立てた
ボールの結果を整理するために、実際の
天体のスケールを感じさせることが大切
である。そうすると実験結果と実際のス
ケール感を捉えやすく、考察しやすくな
る。

❶実験結果を整理する。
❷月、地球、太陽の大きさ見本を用意し、
可能な限り実際の距離を再現できるよ
うにする。
❸再現したモデルで実際の大きさを体感
する。
❹改めて実験結果を振り返る。

月が日によって形を変えるのはどうして
か、実験結果から考察して書きましょう。

 個人での取り組み

ボールの形の見え方と電灯の位置の関係

・ボールが電灯に近いとき光の当たっている部分が少なく、三日月のように見えた。
・電灯の光がボールの右側から当たったとき光の当たっている部分がボールの半分で、半月のように見えた。
・ボールと電灯が反対にあるときボール全体に光が当たっていた。満月のように見えた。
・電灯の光がボールの左側から当たったとき光の当たっている部分がボールの半分で、半月のように見えた。

月の見え方が日によって変わるのはどう
してですか。

月の見え方が変わるのは、日がたつにし
たがって輝いている部分の形が変化する
ために起こると考えられます。

見え方が変化するのは、地球から見て月
と太陽の離れ具合に関係しているといえ
ます。

\ここが/
Point!!
日がたつと変わる理由を考察するためには、
日がたつと関連して何が変わったかをおさ
えることが大切である。「太陽と月の離れ
具合」と、「月の形の見え方」の２つを関
係付けて考えられるように、文言を整理し
ていく。

編著者紹介

日置 光久　ひおき みつひさ

1955（昭和30）年生まれ。広島大学大学院博士課程後期単位取得退学。広島大学教育学部助手、広島女子大学助教授、文部省初等中等教育局小学校課教科調査官、国立教育政策研究所教育課程研究センター教育課程調査官（併）文部科学省初等中等教育局教育課程課教科調査官、文部科学省初等中等教育局視学官、東京大学海洋アライアンス海洋教育促進研究センター特任教授を経て、現在、東京大学大学院教育学研究科特任教授。

日本学術会議連携会員。専門は、理科教育カリキュラム開発、環境教育/ESD論、自然体験学習論、海洋教育。日本理科教育学会、日本科学教育学会、日本環境教育学会、日本野外教育学会等所属。公益財団法人科学技術広報財団理事、公益社団法人日本シェアリングネイチャー協会理事・公認インストラクター。大日本図書教科書編集委員。

主な著書として、「展望 日本型理科教育」（東洋館出版社）、「理科で何を教えるか」（東洋館出版社）。編著として「シリーズ日本型理科教育（全5巻）」（東洋館出版社）、「新理科で問題解決の授業をどうつくるか」（明治図書）、「小学校理科 アクティブ・ラーニングによる理科の授業づくり」（大日本図書）など多数。

星野 昌治　ほしの よしはる

1947（昭和22）年生まれ。東京学芸大学卒業。東京都公立学校教諭、千代田区教育委員会指導主事、東京都教育委員会指導主事、東京都教育庁指導部主任指導主事、東京都立教育研究所教科研究部長、武蔵野市立第三小学校校長、千代田区立番町小学校校長、帝京大学准教授などを経て、元帝京大学教授、元帝京大学教職大学院教授、元帝京大学小学校校長。

専門は、理科教育。日本理科教育学会等所属。元全国小学校理科研究協議会会長。「小学校学習指導要領解説 理科編」（平成11年5月および平成20年6月）作成協力者。大日本図書教科書編集委員。

主な編著書として、「学習チェックのミニ技法」（明治図書）、「新しい小学校理科・授業づくりと教材研究」（東洋館出版社）、「理数教育充実への戦略」（教育開発研究所）、「小学校理科 授業参観・公開授業のモデルプラン」（明治図書）、「小学校理科指導と評価の一体化の授業展開」（明治図書）、「ワンペーパー学校経営」（教育開発研究所）、「小学校理科 授業づくりの技法」（大日本図書）、「小学校理科 アクティブ・ラーニングによる理科の授業づくり」（大日本図書）など。

船尾　聖　ふなお きよし

1950（昭和25）年生まれ。東京学芸大学卒業。東京都公立学校教諭、東京都公立学校教頭、稲城市教育委員会指導主事、杉並区教育委員会指導主事、文京区立汐見小学校校長、文京区立千駄木小学校校長、帝京平成大学准教授を経て、現在、帝京平成大学教授。

専門は、理科教育。元全国小学校理科研究協議会会長。「小学校理科観察・実験の手引き」（平成23年3月 文部科学省）作成協力者。大日本図書教科書編集委員。

主な編著書として、「理科授業プラン」（明治図書）、「学習チェックのミニ技法」（明治図書）、「問題解決の授業をどうつくるか」（明治図書）、「小学校理科 授業づくりの技法」（大日本図書）、「小学校理科 アクティブ・ラーニングによる理科の授業づくり」（大日本図書）、「全国学力・学習状況調査における小学校理科と教科書の活用」（大日本図書）など。

関根 正弘　せきね まさひろ

1958（昭和33）年生まれ。東京学芸大学卒業。東京都公立小学校教諭、東京都公立小学校教頭、東京都公立小学校副校長、江戸川区立鹿骨東小学校校長、足立区立伊興小学校校長、足立区立弘道小学校校長を経て、現在、東京家政大学准教授。

専門は、理科教育。元全国小学校理科研究協議会会長、元東京都小学校理科教育研究会会長、元日本理科教育協会会長。

主な著書として、「子どもが元気になる！通知表の文例集」（明治図書）、「新指導要録作成の手引き＆文例集」（明治図書）、「小学校理科 アクティブ・ラーニングによる理科の授業づくり」（大日本図書）、「全国学力・学習状況調査における小学校理科と教科書の活用」（大日本図書）など。

執筆者一覧

日置 光久　　東京大学 特任教授

星野 昌治　　元帝京大学 教授／元帝京大学教職大学院 教授／
　　　　　　元帝京大学小学校 校長

船尾 　聖　　帝京平成大学 教授

関根 正弘　　東京家政大学 准教授

秋田 博子　　東京都足立区立弘道小学校 主任教諭

伊勢 明子　　東京都杉並区立浜田山小学校 校長

磯部 智一　　東京都板橋区立高島第二小学校 主任教諭

蒲生 友作　　東京都昭島市立拝島第一小学校 主任教諭

木内 健太朗　東京都足立区立綾瀬小学校 主任教諭

関根 綾美　　東京都足立区立栗原小学校 教諭

谷口 多都子　東京都足立区立北三谷小学校 主任教諭

冨岡 尚生　　東京都足立区立舎人小学校 校長

永田 量子　　東京都葛飾区立北野小学校 主任教諭

西尾 克人　　東京都八王子市立散田小学校 校長

林田 篤志　　東京都江戸川区立篠崎小学校 校長

林　 禎久　　東京都中野区立白桜小学校 校長

半澤 あゆみ　東京都中央区立城東小学校 主任教諭

森内 昌也　　東京都葛飾区立北野小学校 校長

森　 若菜　　東京都足立区立舎人小学校 主任教諭

山﨑 哲平　　東京都文京区立金富小学校 主任教諭

参考文献

○「新たな未来を築くための大学教育の質的転換に向けて～生涯学び続け、主体的に考える力を育成する大学へ～」中央教育審議会答申

○「初等中等教育における教育課程の基準等の在り方について」
　文部科学大臣諮問

○「幼稚園、小学校、中学校、高等学校及び特別支援学校の学習指導要領等の改善及び必要な方策等について」中央教育審議会答申

○「小学校学習指導要領（平成29年告示）解説 理科編」文部科学省

○「小学校、中学校、高等学校及び特別支援学校等における児童生徒の学習評価及び指導要録の改善等について」文部科学省初等中等教育局

○「小学校 新学習指導要領ポイント総整理 理科」片平克弘・塚田昭一 編著
　東洋館出版社

○「これからの小学校理科の要点と展開」星野昌治 編著　大日本図書

○「小学校理科 授業づくりの技法」星野昌治・船尾聖 編著　大日本図書

○「小学校理科 アクティブ・ラーニングによる理科の授業づくり」
　日置光久・星野昌治・船尾聖 編著　大日本図書

理科好きの子どもを育てる
小学校理科

**理科の見方・考え方を働かせて
学びを深める理科の授業づくり**

2020年2月20日　第1刷発行

編著者　日置 光久、星野 昌治、船尾　聖、関根 正弘
発行者　藤川　広
発行所　大日本図書株式会社
　　　　〒112-0012　東京都文京区大塚3-11-6
　　　　電話　03-5940-8675（編集）　03-5940-8676（供給）
　　　　　　　048-421-7812（受注センター）

表紙、本文デザイン、図版：株式会社秀巧堂
印刷：星野精版印刷株式会社
製本：株式会社宮田製本所

落丁本・乱丁本はお取り替え致します。